国家出版基金资助项目/“十三五”国家重点出版物
绿色再制造工程著作
总主编　徐滨士

再制造效益分析理论与方法

THEORY AND METHOD OF REMANUFACTURING BENEFIT ANALYSIS

徐滨士　郑汉东　刘渤海　等编著

哈爾濱工業大學出版社
HARBIN INSTITUTE OF TECHNOLOGY PRESS

内容简介

本书阐述了再制造的内涵与特征，分析了再制造产业发展的背景、国外再制造产业发展的经验及我国再制造产业的发展现状；介绍了再制造产业发展的理论基础，包括循环经济理论、产品生命周期理论及再制造多生命周期理论；论述了再制造经济性、环境性与社会性评价关键内容，提出了再制造产品评价体系与再制造企业的评价体系；以不同领域的典型再制造产品为例，分析了再制造的综合效益。

图书在版编目(CIP)数据

再制造效益分析理论与方法/徐滨士等编著. —哈尔滨：哈尔滨工业大学出版社，2019.6

（绿色再制造工程著作）

ISBN 978－7－5603－8143－5

Ⅰ.①再…　Ⅱ.①徐…　Ⅲ.①制造工业－经济效益－研究－中国　Ⅳ.①F426.4

中国版本图书馆 CIP 数据核字(2019)第 073109 号

材料科学与工程
图书工作室

策划编辑　许雅莹　张秀华　杨　桦
责任编辑　范业婷　王晓丹　孙连嵩
封面设计　卞秉利
出版发行　哈尔滨工业大学出版社
社　　址　哈尔滨市南岗区复华四道街 10 号　邮编 150006
传　　真　0451－86414749
网　　址　http://hitpress.hit.edu.cn
印　　刷　黑龙江艺德印刷有限责任公司
开　　本　660mm×980mm　1/16　印张 10.5　字数 190 千字
版　　次　2019 年 6 月第 1 版　2019 年 6 月第 1 次印刷
书　　号　ISBN 978－7－5603－8143－5
定　　价　68.00 元

《绿色再制造工程著作》

《绿色再制造工程著作》

丛 书 书 目

1. 绿色再制造工程导论　　徐滨士　等编著
2. 再制造设计基础　　朱　胜　等著
3. 装备再制造拆解与清洗技术　　张　伟　等编著
4. 再制造零件无损评价技术及应用　　董丽虹　等编著
5. 纳米颗粒复合电刷镀技术及应用　　徐滨士　等著
6. 热喷涂技术及其在再制造中的应用　　魏世丞　等编著
7. 轻质合金表面功能化技术及应用　　吴晓宏　等著
8. 等离子弧熔覆再制造技术及应用　　吕耀辉　等编著
9. 激光增材再制造技术　　董世运　等编著
10. 再制造零件与产品的疲劳寿命评估技术　　王海斗　等著
11. 再制造效益分析理论与方法　　徐滨士　等编著
12. 再制造工程管理与实践　　徐滨士　等编著

序　言

推进绿色发展，保护生态环境，事关经济社会的可持续发展，事关国家的长治久安。习近平总书记提出“创新、协调、绿色、开放、共享”五大发展理念，党的十八大报告也明确了中国特色社会主义事业的“五位一体”的总体布局，强调“把生态文明建设放在突出地位，融入经济建设、政治建设、文化建设、社会建设各方面和全过程，努力建设美丽中国，实现中华民族永续发展”，并将绿色发展阐述为关系我国发展全局的重要理念。党的十九大报告继续强调推进绿色发展、牢固树立社会主义生态文明观。建设生态文明是关系人民福祉、关乎民族未来的大计，生态环境保护是功在当代、利在千秋的事业。推进生态文明建设是解决新时代我国社会主要矛盾的重要战略突破，是把我国建设成社会主义现代化强国的需要。发展再制造产业正是促进制造业绿色发展、建设生态文明的有效途径，而《绿色再制造工程著作》丛书正是树立和践行绿色发展理念、切实推进绿色发展的思想自觉和行动自觉。

再制造是制造产业链的延伸，也是先进制造和绿色制造的重要组成部分。国家标准《再制造　术语》(GB/T 28619—2012)对“再制造”的定义为：“对再制造毛坯进行专业化修复或升级改造，使其质量特性(包括产品功能、技术性能、绿色性、经济性等)不低于原型新品水平的过程。”并且再制造产品的成本仅是新品的50%左右，可实现节能60%、节材70%、污染物排放量降低80%，经济效益、社会效益和生态效益显著。

我国的再制造工程是在维修工程、表面工程基础上发展起来的，采取了不同于欧美的以“尺寸恢复和性能提升”为主要特征的再制造模式，大量应用了零件寿命评估、表面工程、增材制造等先进技术，使旧件尺寸精度恢复到原设计要求，并提升其质量和性能，同时还可以大幅度提高旧件的再制造率。

我国的再制造产业经过将近20年的发展，历经了产业萌生、科学论证和政府推进三个阶段，取得了一系列成绩。其持续稳定的发展，离不开国家政策的支撑与法律法规的有效规范。我国再制造政策、法律法规经历了一个从无到有、不断完善、不断优化的过程。《循环经济促进法》《中共中央关于制定国民经济和社会发展第十三个五年规划的建议》《战略性新兴产业重点产品和服务指导目录(2016版)》《关于加快推进生态文明建设的意见》和《高端智能再制造行动计划(2018—2020年)》等明确提出支持再制造产业的发展,再制造被列入国家"十三五"战略性新兴产业,《中国制造2025》也提出:"大力发展再制造产业,实施高端再制造、智能再制造、在役再制造,推进产品认定,促进再制造产业持续健康发展。"

再制造作为战略性新兴产业,已成为国家发展循环经济、建设生态文明社会的最有活力的技术途径,从事再制造工程与理论研究的科技人员队伍不断壮大,再制造企业数量不断增多,再制造理念和技术成果已推广应用到国民经济和国防建设各个领域。同时,再制造工程已成为重要的学科方向,国内一些高校已开始招收再制造工程专业的本科生和研究生,培养的年轻人才和从业人员数量增长迅速。但是,再制造工程作为新兴学科和产业领域,国内外均缺乏系统的关于再制造工程的著作丛书。

我们清楚编撰再制造工程著作丛书的重大意义,也感到应为国家再制造产业发展和人才培养承担一份责任,适逢哈尔滨工业大学出版社的邀请,我们组织科研团队成员及国内一些年轻学者共同撰写了《绿色再制造工程著作》丛书。丛书的撰写,一方面可以系统梳理和总结团队多年来在绿色再制造工程领域的研究成果,同时进一步深入学习和吸纳相关领域的知识与新成果,为我们的进一步发展夯实基础;另一方面,希望能够吸引更多的人更系统地了解再制造,为学科人才培养和领域从业人员业务水平的提高做出贡献。

本丛书由12部著作组成,综合考虑了再制造工程学科体系构成、再制造生产流程和再制造产业发展的需要。各著作内容主要是基于作者及其团队多年来取得的科研与教学成果。在丛书构架等方面,力求体现丛书内容的系统性、基础性、创新性、前沿性和实用性,涵盖了绿色再制造生产流程中的绿色清洗、无损检测评价、再制造工程设计、再制造成形技术、再制造零件与产品的寿命评估、再制造工程管理以及再制造经济效益分析等方面。

在丛书撰写过程中,我们注意突出以下几方面的特色:

1. 紧密结合国家循环经济、生态文明和制造强国等国家战略和发展规划,系统归纳、总结和提炼绿色再制造工程的理论、技术、工程实践等方面的研究成果，同时突出重点，体现丛书整体内容的体系完整性及各著作的相对独立性。

2.注重内容的先进性和新颖性。丛书内容主要基于作者完成的国家、部委、企业等的科研项目，且其成果已获得多项国家级科技成果奖和部委级科技成果奖，所以著作内容先进，其中多部著作填补领域空白，例如《纳米颗粒复合电刷镀技术及应用》《再制造零件与产品的疲劳寿命评估技术》和《再制造工程管理与实践》等。同时，各著作兼顾了再制造工程领域国内外的最新研究进展和成果。

3.体现以下几方面的"融合"：(1)再制造与环境保护、生态文明建设相融合，力求突出再制造工艺流程和关键技术的"绿色"特性；(2)再制造与先进制造相融合，力求从再制造基础理论、关键技术和应用实现等多方面系统阐述再制造技术及其产品性能和效益的优越性；(3)再制造与现代服务相融合，力求体现再制造物流、再制造标准、再制造效益等现代装备服务业及装备后市场特色。

在此，感谢国家发展改革委、科技部、工信部等国家部委和中国工程院、国家自然科学基金委员会及国内多家企业在科研项目方面的大力支持，这些科研项目的成果构成了丛书的主体内容，也正是基于这些项目成果，我们才能够撰写本丛书。同时，感谢国家出版基金管理委员会对本丛书出版的大力支持。

本丛书适于再制造领域的科研人员、技术人员、企业管理人员参考，也可供政府相关部门领导参阅；同时，本丛书可以作为材料科学与工程、机械工程、装备维修等相关专业的研究生和高年级本科生的教材。

中国工程院院士

徐滨士

2019年5月18日

前　言

党的十九大报告指出，要推进绿色发展、推进资源全面节约和循环利用。再制造作为制造产业链的延伸，是先进制造和绿色制造的重要组成部分，是实现资源高效循环利用的最佳途径之一。再制造产品的质量和性能不低于原型新品，但成本仅是新品的 50%左右，可实现节能 60%、节材 70%、污染物排放量降低 80%，经济效益、社会效益和生态效益显著。《中国制造 2025》提出："大力发展再制造产业，实施高端再制造、智能再制造、在役再制造，推进产品认定，促进再制造产业持续健康发展。"

再制造工程涉及技术、标准、政策、法规和管理等，是一项复杂的系统工程。因此，需要对再制造工程进行科学的管理，要优化配置再制造活动所需的内、外部资源，发挥政策、市场、技术的优势作用，并结合再制造产业实践开展推广工作。当前，制约我国再制造产业发展的一个关键问题是再制造的内涵与特征还没有被广大制造企业认知和了解，制造企业对开展再制造所能带来的环境效益、经济效益认识不足，缺乏全面、客观、量化评价与决策分析的方法。

本书在梳理再制造工程的内涵、国内外再制造产业发展现状、我国再制造产业发展面临的机遇与挑战的基础上，阐述了再制造综合评价的理论基础与体系方法，论述了再制造经济性、环境性、社会性评价的关键内容，提出了再制造产品、再制造企业的评价体系，并开展了再制造综合效益案例分析。

全书由徐滨士院士指导撰写，书中各章的执笔者为：第 1 章，徐滨士；第 2 章，史佩京；第 3 章，郑汉东、桑凡；第 4 章，郑汉东、丰奇倩；第 5 章，李恩重；第 6 章，史佩京；第 7 章，刘渤海、李凯；第 8 章，张伟、魏敏。全书由徐滨士、郑汉东、刘渤海统稿，由杨善林院士主审。

特别感谢国家重点研发计划、国家自然科学基金项目、中国工程院咨询项目等项目的资助，以及多家科研院所和再制造企业的大力支持。本书部分内容参考了同行的著作及研究报告，在此，衷心感谢对本书出版做出贡献或提供帮助的单位和个人。

由于再制造工程是一门新兴交叉学科，再制造产业属于国家战略性新兴产业，再制造工程管理的许多理论研究还不够成熟，加之作者水平所限，书中不妥之处敬请斧正。

作　者

2019 年 5 月

目　　录

第1章　再制造概述

1.1　再制造的概念、主要特征及主要技术

1.1.1　再制造的概念

从学科含义上讲，再制造工程是以装备全生命周期设计和管理为指导，以废旧装备实现性能跨越式提升为目标，以优质、高效、节能、节材、环保为准则，以先进技术和产业化生产为手段，对废旧装备进行修复和改造的一系列技术措施或工程活动的总称。

从实际生产角度来讲，再制造是指对全生命周期内回收的废旧装备进行拆解和清洗，对失效零件进行专业化修复(或替换)，通过产品再装配，使得再制造产品达到与原有新品相同质量和性能的再循环过程。

中华人民共和国国家标准《再制造 术语》(GB/T 28619—2012)给出的再制造定义为：对再制造毛坯进行专业化修复或升级改造，使其质量特性不低于原型新品水平的过程(注：其中质量特性包括产品功能、技术性能、绿色性、经济性等)。

中华人民共和国国家标准《机械产品再制造　通用技术要求》(GB/T 28618—2012)给出的机械产品再制造流程如图1.1所示。

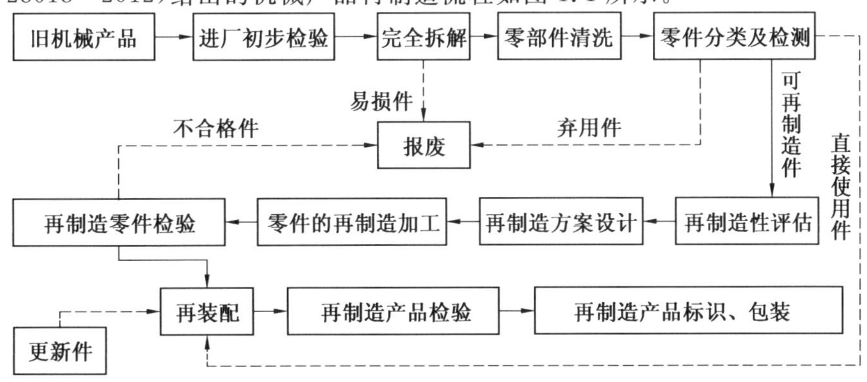

图1.1　机械产品再制造流程

无论从学术研究还是产业发展，甚至国内外对再制造的实践认识来看，虽然采用的手段和方法有所不同，但有一个共同的认识，即再制造产品的性能“如新品性能一样好”。

根据再制造加工的范围，再制造可分为恢复性再制造和升级性再制造。

① 恢复性再制造。主要针对达到物理寿命和经济寿命的产品，在失效分析和寿命评估的基础上，把蕴含使用价值，由于功能性损坏或技术性淘汰等原因不再使用的产品作为再制造毛坯，采用表面工程等先进技术进行加工，使其尺寸和性能得以恢复。根据需要，可对磨损、腐蚀严重的短寿命零件表面进行强化，使其与部件整体的使用期相匹配。

② 升级性再制造。主要针对已达到技术寿命的装备、不符合当前使用要求的装备或不符合节能减排要求的装备，通过技术改造、局部更新，特别是通过使用新材料、新技术、新工艺等，改善和提升装备技术性能、延长装备的使用寿命、减少环境污染。性能过时的装备往往只是某几项关键指标落后，并非所有的零部件都不能再使用，采用新技术、新零部件镶嵌的方式进行局部改造，就可以使原装备的性能贴近时代的要求。

1.1.2 再制造的主要特征

1.再制造不同于维修

装备全生命周期包括设计、制造、使用、维修和报废。维修是指在装备的使用阶段为了保持或恢复到良好技术状态及正常运行而采用的技术措施，当装备进入报废阶段时就不能对其进行维修。维修常具有随机性、原位性和应急性。维修的对象是有故障的产品，多以换件为主，辅以单个或小批量的零(部)件修复。维修后的产品多数在质量、性能上难以达到原有新品水平。

再制造不仅面向使用阶段的产品，还可对报废阶段的产品进行再制造。再制造既具有维修工程的特色，即“以废旧件为加工毛坯，以恢复废旧件工作性能为目的”；又具有制造工程的特征，即“以标准化生产为前提，以流水线加工为标志”。因此说，再制造是制造产业链的延伸，是制造的重要组成部分；再制造也是高技术的产业化维修，是维修发展的高级阶段。

“翻新”仅是经过一定程度的拆解、清洗和再装配等过程，没有应用高新技术对废旧产品进行性能提升，因此在技术水平上和产品质量上都无法达到新品的标准。

2. 再制造不同于制造

再制造是绿色制造的重要组成部分，是对废旧产品进行资源化利用的高级方式，在整个过程中实现了节能减排和对环境友好。

再制造生产统筹考虑产品全生命周期内的再制造策略，以资源和环境为核心概念，优先考虑产品的可回收性、可拆解性、可再制造性和可维护性等属性的同时，保证产品的基本目标（优质、高效、节能、节材等），从而使退役产品在对环境的负面影响最小，资源利用率最高的情况下重新达到最佳的性能，并实现企业经济效益和社会效益协调优化。

再制造过程是一个完整的生产经营过程，主要包括五个步骤，即旧件回收、拆解清洗（产品全部进行拆解，所有零件均进行清洗）、再制造加工/修复、质量检测和产品营销。以发动机再制造为例，就是以旧发动机为“毛坯”，按照严格的技术要求，采用先进的加工设备和工艺，对旧发动机的主要部件进行清理加工，全面检测，更换易损件，保证制造精度，再装配后经过整机检测，性能达到新发动机的标准后才包装出厂。

再制造既具有维修工程的特色，又具有制造工程的特征，是维修发展的高级阶段，与此同时，与维修、制造也有很大的不同，具体差异见表1.1及表1.2。

表1.1 再制造与维修的区别

项目	再制造	维修
加工规模	以产业化为主；主要针对大批量零件	以手工为主；针对单件或小批量零件
技术难度	不仅要求单机作业效能高，还需要适应流水线作业的要求，有的还需自动化操作	要求单机作业效能高
理论基础	关注单一零件的技术基础研究，同时进行批量件的基础理论研究	关注单一零件的技术基础研究
修复效果	按制造标准，采用先进技术进行严格加工，再制造产品性能不低于新品甚至超过新品	具有随机性、原位性、应急性，修复效果达不到新品水平

表1.2　再制造与制造的区别

项目	制造	再制造
加工对象	经过长期服役而报废的成形零件	以铸、锻、焊件为毛坯的零件
毛坯初始状态	毛坯件存在因磨损、腐蚀而导致的表面失效，因疲劳导致的残余应力和内部裂纹，因震动冲击导致的零件变形等一系列问题	毛坯件相对均质、单一
前处理难度	毛坯件表面存在油污、水垢、锈蚀层，需要环保清洗工序予以去除。存在硬化层，需要预加工去除	表面清洁，不需要前处理
质量控制手段	由于再制造毛坯的损伤失效形式复杂多样，残余应力、内部裂纹和疲劳层的存在导致寿命评估与服役周期难以评估，再制造零件的质量控制相对复杂	对零件进行寿命评估和质量控制已趋成熟
加工工艺	毛坯件变形和表面损伤程度各不相同，却必须在同一生产线上完成加工，必须采用更高标准的加工工艺，才能高质量地恢复零件的尺寸标准和性能指标	制造过程中产品尺寸精度和力学性能是统一的，适合规模化的生产

3. 再制造产品的质量可靠

再制造的基本要求是对装备性能进行全面恢复，再制造又是批量化的生产方式，通用装备的再制造具有产业化规模，其质量保证体系健全。国家法律规定从事再制造的企业要获得认证，出售的再制造产品应使用明确的标识，国家出台各项再制造技术标准，这些措施都对确保再制造产品的质量起到促进和监督作用。

再制造的对象是经过若干年使用后的装备，在使用期间，科学技术发展迅速，新材料、新技术、新工艺、新检测手段、新控制装置不断涌现，在对旧装备实施再制造时，可以吸纳最新的成果，既可以提高易损零件的使用寿命，又可以对老装备进行技术改造，还可以弥补原始设计和制造中的不足，使装备的质量得到提升。

4. 再制造环保和经济效益突出

再制造的对象是废旧产品，再制造的效果是性能和保修期不低于新品，和将废旧产品回炉，重新制造的装备服役相比，其节能减排效果十分突出。美国 Argonne 国家实验室统计，再制造 1 辆汽车的能耗只是制造 1 辆新车的 1/6；再制造 1 台汽车发动机的能耗只是制造 1 台新汽车发动机的 1/11。

对装备部件再制造的基础是对其中失效零件的再制造，再制造的对象是经过使用的成形零件，这些零件中蕴含着采矿、冶炼、加工等一系列工序的附加值（包括了全部制造活动的劳动成本、能源消耗成本、设备工具损耗成本等），再制造能很大程度地保留和利用这些附加值，使加工成本降低、能耗减少。对车辆行走系统行星框架实施再制造的技术经济分析表明，对行星框架再制造的耗材只是零件毛坯质量的 0.35%，再制造成本是新品的 10%，再制造后的使用寿命却是新品的 2 倍。对重型车辆发动机曲轴再制造的数据表明，曲轴再制造的耗材是曲轴毛坯质量的 2.1%，再制造成本是新曲轴的 12.6%。宏观统计数据表明，总成（部件）再制造的成本为新品的 50%左右，节能 60%、节材 70%以上，可以看出，再制造对节省资金、节约资源、保护环境的贡献显著。

1.1.3　再制造的主要技术

再制造是一个复杂的过程，其实施的步骤包括装备无损拆卸，零部件的分类、清洗、损伤评估与无损鉴定，再制造加工或更换新件，装备重新装配，质量检测与性能考核等。因此，再制造的研究内容就是围绕再制造的主要流程开展的。围绕再制造流程，其重点研究领域包括：汽车、机床、工程机械、农用机械、矿山机械等装备制造领域，也包括能源、化工、电力、冶金等工业装备领域。

再制造的具体技术研究内容包括以下几项。

1. 再制造性设计技术

再制造性设计技术基于全生命周期理论，研究装备全生命周期工程延寿设计、再制造零件服役寿命评估与设计、零部件再制造工艺设计，以及再制造质量控制设计技术等。通过研究装备全生命周期报废阶段的废旧毛坯件中蕴含的剩余寿命，评估和设计通过先进表面工程技术完成再制造的废旧毛坯件，是否具有足以维持下一个服役周期的剩余寿命。

2. 再制造零部件剩余寿命评估技术

通过显微结构、力学分析、应力测试及数值模拟等方法，结合无损检测技术，预测和测试再制造零部件的剩余寿命，研究多负荷、多外场综合作用下废旧装备的失效行为以及失效分析技术；研究、整合、开发废旧装备及零部件微裂纹及寿命评估方法、模型和技术，提出再制造毛坯件剩余寿命评估体系。重点应用涡流技术、磁记忆无损检测技术、纳米划痕技术、X射线应力测定技术等手段开发零部件裂纹快速综合检测设备和便携式重要零部件快速现场寿命评估检测设备。

3. 无损拆解技术和分类回收技术

应用高效无损拆解技术和分类回收技术，有效提高废旧零部件的回收利用率，提高再制造工程的规模化和自动化水平。

4. 绿色清洗技术

国外已能做到清洗物理化（完全取消化学清洗），清洗水平已完全达到零排放。应用无污染、高效率、适用范围广、对零件无损害的自动化超声清洗技术，热膨胀不变形高温除垢技术，无损喷丸清洗技术与设备，可以显著降低再制造过程的排污。

5. 纳米表面工程技术

将纳米电刷镀技术、纳米热喷涂技术、纳米黏接技术等纳米表面工程技术应用于再制造工程，实现再制造部件或产品尺寸的完全恢复，提高旧品利用率，降低再制造成本，提升再制造产品的性能，达到节能、节材、保护环境的效果。

6. 快速成形再制造技术

快速成形再制造技术主要用于薄壁壳体类、轴类、杆类、板类、筒类等零部件的现场快速制造与再制造，其作业平台由检测设备、数据采集设备、快速成形或加工设备、数控工作台、通信网络等组成，可在机动条件下快速完成废旧零件剩余寿命评估、损伤零件损伤部位原始尺寸反求、零部件快速制造或废旧零部件损伤表面的快速再制造加工、再制造零部件表面后加工等全部工序。

7. 运行中的再制造技术

运行中的再制造技术是一种装备在不停机、不解体状况下通过表面自愈合、自修复、自强化、自封闭等提升表面性能和装备运行可靠性的技术。既可通过仿生自修复，在结构材料设计或功能涂层制备阶段将自修复单元，例如微胶囊修复剂预埋于结构或涂层内，待结构或涂层出现微裂纹时，微胶囊在裂纹尖端应力作用下自行破裂，释放出修复剂，将微裂纹修复；也可通过高温相变自修复，在润滑油中加入类金属陶瓷粉添加剂，粉体随润滑油流动，在运行中的高温条件和极压条件下，通过高温冶金和分子化学作用形成陶瓷自修复膜达到对微损伤表面的自修复。

8. 虚拟再制造技术

虚拟再制造技术是虚拟现实技术和计算机仿真技术在再制造过程中的具体应用，是实际再制造过程在计算机上的一种虚拟实现，可在计算机上实现虚拟检测、虚拟加工、虚拟维修、虚拟装配、虚拟控制、虚拟试验、虚拟管理等再制造过程，以增强对再制造过程各级的决策与控制能力。

1.2 再制造产业发展现状

1.2.1 再制造产业发展背景

在国外，不同工业部门对再制造采用不同的名称，如在汽车零部件领域通常将再制造称为 Rebuilding，激光打印机硒鼓领域将再制造称为 Rechargers，汽车轮胎的再制造商将再制造称为 Retreaders。Reconditioning也是一个经常使用的词，主要用于对经典或者古老汽车、艺术品的恢复，不常用来指再制造。目前，Remanufacturing 已经作为一个国际标准的再制造学术名词，得到较为广泛的应用。

早在 1861 年，美国海军将一艘快艇再制造为一艘铁甲船。20 世纪 20 年代，大规模生产和流水线开始主导美国工业，为全面再制造的发展创造了条件。1922 年美国汽车发动机再制造协会（Automotive Engine Rebuilders Association，AERA）成立，1997 年美国再制造产业国际委员会（The Remanufacturing Industries Council International，RICI）成立。美国得克萨斯州、康涅狄格州和加利福尼亚州的立法机构均于 1999 年通过了促进再制造产业发展的法律，美国纽约州于 2000 年颁布了两个促进再制造的法律。

以汽车零部件再制造为例，国外汽车零部件再制造的起源可追溯到 20 世纪美国经济大萧条时期，由于资金和资源的缺乏，一些修理商在汽车维修中尝试采用再制造措施，以节约资金和资源。二战时期，零部件再制造行业得到了一定发展。当时美国国内所有汽车制造厂和配件生产厂都为满足战争需求而转产军品，致使美国国内的民用汽车零部件供应严重不足，许多型号的车辆因为配件缺乏，无法继续使用，这就迫使一些汽车的修理商不得不拆下报废的和存在故障的零部件进行修理后继续使用，从而逐步形成了一个新兴的产业。同时，美军在战场上使用大量车辆用于作战，损坏率非常高，由于急于修理，于是开始尝试使用在国内批量修理好的汽车备件在战场上快速更换，使车辆的维修速度大幅度提高，成为汽车零部件再制造的直接受益者。战争的需求促进了汽车零部件再制造产业的发展。

二战结束后，零部件再制造企业能够生存下来，并在一段时期内快速发展，主要得益于这个行业产生的丰厚利润。在整个汽车零部件再制造的产业链中，从旧件的收集者到再制造产品的使用者，所有参与者都得到了可观的经济效益。这一奇特的现象使汽车零部件再制造行业如雨后春笋般地得到快速发展，很快覆盖了整个北美大陆，在美国成为仅次于钢铁行业的工业巨人。

日本受国土面积小、资源匮乏等因素制约，基于“资源环境立国”的战略考虑积极开展立法工作推进资源循环性社会的建设，推动再制造产业发展。据估计，2015年日本再制造产值约44亿美元，再制造产业主要集中在汽车(8.5亿美元)、硒鼓(2.5亿美元)、复印机(1.2亿美元)等领域。2015年欧盟再制造产值约300亿欧元，提供19万个工作岗位，再制造产值约占新品制造产业的1.9%。德国再制造产业规模最大，约占欧盟再制造产值的1/3，再制造产业聚集在航空航天、汽车和重载非道路装备(Heavy-Duty and Off-Road，HDOR)领域。

欧美国家的再制造，在再制造设计方面，主要结合具体产品，针对再制造过程中的重要设计要素，如拆解性能、零件的材料种类、设计结构与紧固方式等进行研究；在再制造加工方面，对于机械产品，主要通过换件修理法和尺寸修理法来恢复零部件的尺寸，如英国Lister Petter再制造公司每年为英、美军方再制造3 000多台废旧发动机，再制造时，对于磨损超差的缸套、凸轮轴等关键零件都予以更换新件，并不修复。对于电子产品，再制造的内涵就是对仍具有使用价值的零部件予以直接的再利用，如德国柏林工业大学对平板显示器的再制造就是先将液晶显示器LCD、印刷线路板PCB、冷阴极荧光灯CCFL等关键零部件进行拆解，经检测合格后进行再利用；德国ReMobile公司对移动电话的再制造也是先拆解，再检测，最后再利用；此外还有对数码相机(日本柯达公司)、打印机墨盒(美国施乐公司)、品牌计算机(美国HP公司)等的再制造也都是以再利用为主。国外再制造业产值如图1.2所示。

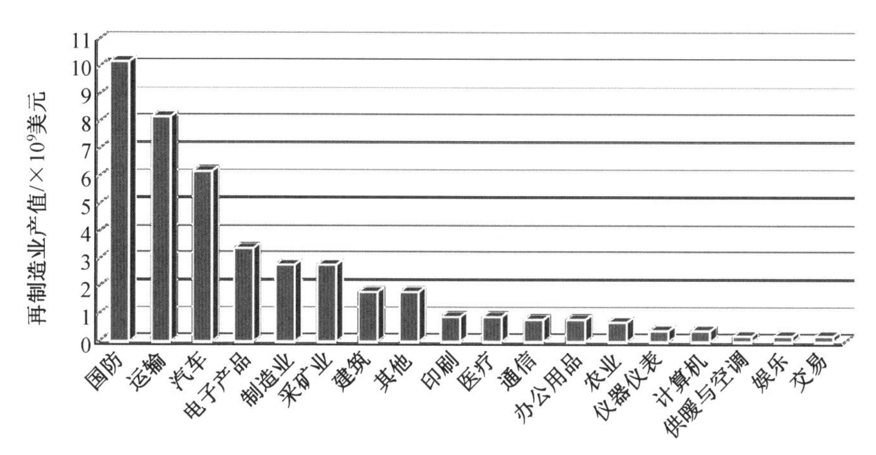

图 1.2 国外再制造业产值图

1.2.2 国外再制造产业现状

据不完全统计，2005 年全球再制造产业产值已超过 1 000 亿美元，美国再制造产业规模最大。就企业数量而言，全球约 50%的再制造企业在美国，另外 30%在欧洲；美国和欧洲的再制造产品数量约为 50 000 万件，约占世界总量的 80%；在再制造产业中，历史最悠久和占比重最大的是汽车行业，大约 10%的轿车和卡车在其生命周期中需要更换一次发动机，2005 年全世界销售了大约 6 000 万件再制造产品。

美国国际贸易委员会在 2012 年发布了《再制造商品：美国和全球工业，市场和贸易概述》研究报告，据统计，在 2009—2011 年间，美国再制造产值以 15%的速度增长，2011 年达到 430 亿美元，提供了 18 万个工作岗位，其中航空航天、重型装备和非道路车辆、汽车零部件行业的再制造产值约占美国再制造总产值的 63%，中小型再制造企业在美国再制造产品和贸易中占有重要份额。美国的再制造发展模式以市场为主导，依靠市场的自我调节实现再制造生产。美国再制造产业与其他产业规模比较（2011 年）见表 1.3。以汽车零部件再制造企业为例，其主要有 3 种运作模式：第一种是原制造商投资、控股或者授权生产的再制造企业，包括 OEM（原始设备制造商）和 OES（原装配件供应商），这类企业拥有自己的再制造品牌，经过再制造的产品通过原制造企业的备件和服务体系流通销售。第二种是独立的再制造公司，这类公司不依附于任何一家原制造厂，完全根据汽车维修市场的需求生产再制造产品，只需对所生产的再制造产品质量负责。第三种是小型再制造工厂，它们以各种灵活的方式为客户提供完善和差异化的再制造服务。

表 1.3 美国再制造产业与其他产业规模比较(2011 年)

产业	就业/万人	销售额/亿美元
再制造产品	48.0	530
家用耐用消费品	49.5	510
钢铁产品	24.1	560
计算机及周边产品	20.0	560
药品	19.4	680

在美国,再制造受到立法认可和鼓励,2015 年 10 月,美国《联邦汽车维修成本节约法案》(Federal Vehicle Repair Cost Savings Act of 2015, Public Law 114－65)正式生效,法案要求每个联邦机构鼓励使用再制造汽车零部件来维护联邦政府的车辆,旨在支持和增加再制造产品在联邦政府车辆中的应用。

再制造正在成为制造业未来发展的新方向,能够显著增强原制造企业的竞争优势。新品制造商控制着产品的设计,也具备控制再制造的潜能。但介入再制造业务的制造厂商还不多,企业对再制造的认识是重要因素。如美国卡特彼勒公司开展工程机械再制造,不仅没有影响新品销售,反而因能够为用户提供成本更低廉的再制造零部件而大大增强了其竞争力,销售收入增长更快。与美国相比,英国再制造业相对不发达,主要再制造企业都是雇员数量少于 5 人的独立公司。

欧美国家对再制造产品品质保证有严格要求。无论再制造的技术和步骤如何,再制造产品必须在产品质量、性能、售后服务上达到与新品一样的水平。对再制造产品实施与新品一样的管理,包括质量标准、企业准入门槛、税收政策等。针对再制造行业的特殊性,与再制造产品相关的广告、标识以及知识产权等方面也有专门规定。

欧盟于 2002 年立法规定,一辆报废汽车的废弃物不能超过 15%,而到 2015 年这一比例降至 5%,大幅推进了再制造产业的发展。

国外再制造主要在欧美地区开展。20 世纪 70 年代末,美国麻省理工学院开始进行再制造产业发展的研究工作。80 年代,世界银行资助 Lund 完成了《再制造:美国的经验及对发展中国家的启示》总结报告,推动了再制造业的蓬勃发展,美国是再制造发展和研究最具代表性的国家。国际上普遍采用再制造产品作为汽车备件,再制造可提升维修水平、规范备件市场。汽车零部件再制造备件市场情况如图1.3所示。在美国机动车辆维修市场中70%～80%的配件是再制造产品，德国的配件市场再制造产品和新品的比例为9∶1。

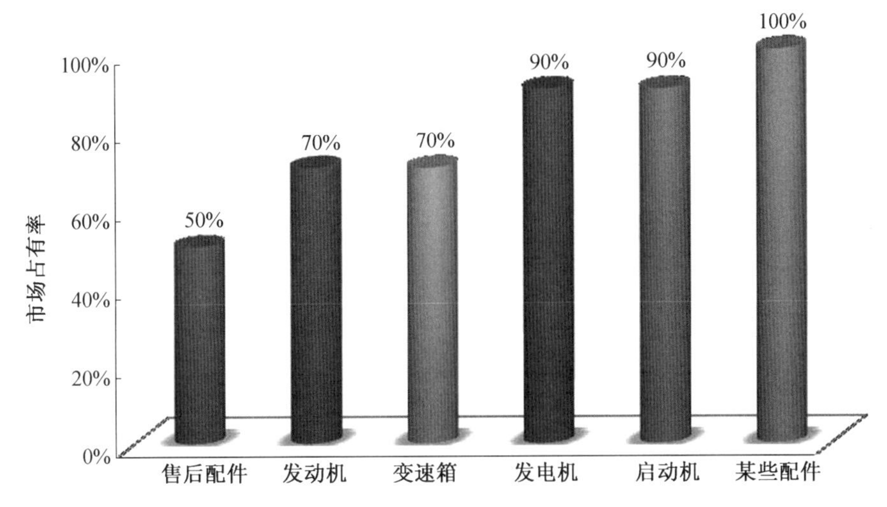

图1.3 汽车零部件再制造备件市场情况

国外再制造企业主要分为三大类：原始设备制造商（Original Equipment Manufacturer，OEM）再制造企业、独立再制造企业和承包性再制造企业。

1. OEM再制造企业

OEM再制造企业是原制造企业成立的再制造企业，是"生产者责任制"的直接形式，属于集中型再制造运作模式。主要特点是：

① 可避免知识产权纠纷，保护品牌，市场共享及树立企业形象；

② 技术实力雄厚、管理经验丰富、具有完善的售后服务网络；

③ 利于制造商对产品进行全生命周期管理；

④ 再制造品种单一，回收的不确定性强；

⑤ 物流半径大，成本相对较高；

⑥ 资源利用率较低。

2. 独立再制造企业

独立再制造企业，即与原制造企业无任何关系，不经过原制造企业授权便对其产品进行再制造，属于离散型再制造运作模式。主要特点是：

① 再制造的品种多，物流半径小；

② 再制造成本低，价格优势明显；

③ 资源利用率高；

④ 对品牌的保护效果差；

⑤ 获得核心技术支持不足。

3. 承包性再制造企业

承包性再制造企业是原制造企业授权并与再制造企业签订合同，间接履行“生产者责任制”，属于分布型再制造运作模式。主要特点是：

① 与原制造企业品牌及市场共享，社会效益更高；

② 物流半径减小，再制造成本降低；

③ 原制造企业提供核心技术并不断支持；

④ 原制造企业要对承包企业进行质量监督；

⑤ 资源利用率较高。

在美国，OEM再制造企业大约占再制造企业总数的5%以下，因此，在美国大部分是独立的再制造企业。而欧洲的OEM再制造企业在市场上占主导地位。在北美，大约有6 000家企业从事发动机再制造生产，每年再制造的发动机总数为220万台，产值为25亿美元。其中，100万台（占45%）是由76家汽车发动机再制造协会（Production Engine Remanufacturers Association，PERA，共有150多家成员）成员生产。各类型的再制造企业运作特点比较见表1.4。

表1.4 各类型再制造企业运作特点比较

比较项目	OEM再制造	独立再制造	承包再制造
运作模式	集中型	离散型	分布型
原料来源	售后网络	拆解厂	售后网络
销售途径	销售网络	配件市场	销售网络
物流半径	大	小	较大
产品价格	高	低	较高
资源利用	低	高	较高

1.2.3 我国再制造产业发展

1. 我国再制造产业发展历程

我国的再制造产业发展至今已经近20年。目前，我国在实践的基础上探索形成了“以高新技术为支撑、产学研相结合、既循环又经济的自主创新的中国特色再制造模式”。中国特色再制造模式注重基础研究与工程实践结合，创新发展了中国特色的再制造关键技术，构建了废旧产品的再制造质量控制体系，保证了再制造产品的性能质量和可靠性；注重企业需求与学科建设融合，提升企业与实验室核心竞争力；注重社会效益与经济效益兼顾，促进国家循环经济建设。我国的再制造发展经历以下三个主要阶段。

(1)再制造产业萌生步履维艰阶段。

20 世纪 90 年代初期，中英合资的济南复强动力有限公司、中德合资的上海大众汽车有限公司(再制造分厂)、港商投资的柏科(常熟)电机公司和广州市花都全球自动变速箱有限公司相继成立，分别从事汽车发动机、发电机、电动机、自动变速箱的再制造，均按国外技术标准生产，产品质量可靠，产量稳步增加。20 世纪 90 年代中期，国内非法汽车拼装盛行，严重扰乱了市场秩序并造成极大的安全隐患。2001 年，国务院发文(307 号令)坚决取缔汽车非法拼装市场，并规定废旧汽车的发动机、变速箱、发电机、电动机等几大总成一律只许回炉炼钢。而国外汽车再制造的对象正是汽车的五大总成，这就中断了上述再制造企业的毛坯来源，这些企业产量严重下滑，生存艰难。

(2)学术研究、科学论证阶段。

1999 年 6 月，徐滨士在西安召开的“先进制造技术”国际会议上发表了“表面工程与再制造技术”的学术论文，在国内首次提出了“再制造”的概念；同年 12 月，在广州召开的国家自然科学基金委机械学科前沿及优先领域研讨会上，徐滨士应邀做了“现代制造科学之 21 世纪的再制造工程技术及理论研究”报告，国家自然科学基金委批准将“再制造工程技术及理论研究”列为国家自然科学基金机械学科发展前沿与优先发展领域。2000 年 3 月，徐滨士在瑞典哥德堡召开的第 15 届欧洲维修国际会议上，发表了题为“面向 21 世纪的再制造工程”的会议论文，这是我国学者在国际维修学术会议上首次发表再制造论文；同年 12 月，徐滨士承担的中国工程院咨询项目“绿色再制造工程在我国应用的前景”研究报告引起了国务院领导的高度重视，并被批转国家计委、经贸委、科技部、教育部、国防科工委、铁道部、信息产业部、环保总局、民航总局等国务院领导机关参阅。2001 年 5 月，国防科工委和总装备部批准立项建设我国首家再制造领域的国家级重点实验室——装备再制造技术国防科技重点实验室，实验室在构建再制造工程理论体系、攻克再制造毛坯剩余寿命评估难题、研发再制造关键技术，以及支持再制造企业技术创新等方面取得一批可喜成果。2003 年，国务院总理温家宝组织了 2 000 多位科学家，历时 8 个月，从国家需求、发展趋势、主要科技问题及目标等方面对“国家中长期科学和技术发展规划”进行了论证研究，其中第三专题“制造业发展科学问题研究”将“机械装备的自修复与再制造”列为19项关键技术之一。2003年12月，由徐滨士领衔撰写，20位工程院院士审签的中国工程院“废旧机电产品资源化”的咨询报告，上报国务院。2004年9月，国家发展和改革委员会(简称国家发改委)组织召开了“全国循环经济工作会”，徐滨士应邀到会做了“发展再制造工程，促进构建循环经济”的专题报告，引起了与会者的重视和关注，还受到了国外媒体的重视。当时在美国工业部下属的再制造产业网站上，一条题为《再制造全球竞争——中国正在迎头赶上》的新闻，介绍了徐滨士的讲话内容和再制造在中国的发展状况，并且预言中国将成为美国在再制造领域最强劲的全球竞争对手。2006年，中国工程院在“建设节约型社会战略咨询研究报告”中再次把“机电产品回收利用与再制造工程”列为建设节约型社会17项重点工程之一。上述学术研究和多方位论证为我国再制造工程的发展及政府决策奠定了科学基础。

(3)国家法律支持，政府全力推进阶段。

2005年国务院颁发的21、22号文件均明确指出国家“支持废旧机电产品再制造”，并“组织相关绿色再制造技术及其创新能力的研发”。同年11月，国家发改委等6部委联合颁布了“关于组织开展循环经济试点(第一批)工作的通知”，其中再制造被列为四个重点领域之一，我国发动机再制造企业——济南复强动力有限公司被列为再制造重点领域中的试点单位。2006年，国务院副总理曾培炎就发展我国汽车零件再制造产业做出批示：“同意以汽车零部件为再制造产业试点，探索经验，研发技术，同时要考虑定时修订有关法律法规。”2007年，再制造技术国防科技重点实验室承担的“机电产品可持续性设计与复合再制造的基础研究”再次被国家自然科学基金委员会批准为重点项目。2008年，国家发改委组织了“全国汽车零部件再制造产业试点实施方案评审会”，共批准14家汽车零部件再制造企业开展试点，包括一汽、东风、上汽、重汽、奇瑞等整车制造企业和潍柴、玉柴等发动机制造企业。

2009年1月1日，全国人大常务委员会通过的《循环经济促进法》开始实施。该法律为推进再制造产业发展提供了法律依据，并规范了对再制造产业的管理。

2009年4月，国家发改委组织“全国循环经济座谈会暨循环经济专家行启动仪式”，徐滨士向时任国家副总理李克强汇报了我国再制造产业发展现状与对策建议，受到李克强高度重视，他指出“今后要大力推进再制造新兴产业，建议把汽车零部件再制造进一步扩大到机床、工程机械等领域，同时注重再制造与改造相结合；并建议实施汽车下乡工程与再制造生产相结合，促进形成新的产业链”。

为落实李克强的重要指示，2009 年 9 月—11 月，在国家发改委的组织下，徐滨士作为专家组组长对全国汽车零部件再制造试点企业进行了现场考察，了解了我国再制造产业的发展现状与存在的问题，提出了相关措施和政策建议，由中国工程院院长徐匡迪院士与徐滨士联名起草的“我国再制造产业发展现状与对策建议的报告”呈报国务院。温家宝总理及时做出重要批示：“再制造产业非常重要，它不仅关系循环经济的发展，而且关系扩大内需（如家电、汽车以旧换新）和环境保护。再制造产业链条长，涉及政策、法规、标准、技术和组织，是一项比较复杂的系统工程。工程院的建议请发改委会同工信部、商务部、财政部等有关部门认真研究并提出意见”。温家宝总理高屋建瓴地指出，再制造产业非常重要，再制造是发展循环经济、扩大内需和环境保护的重要途径，并指出再制造是一项复杂的系统工程，需要统筹协调发展。

2009 年 11 月，工业与信息化部启动了包括工程机械、矿采机械、机床、船舶、再制造产业集聚区等在内的 8 大领域 35 家企业参加的再制造试点工作，为加快我国再制造产业发展又迈出了重要一步。2010 年 3 月，《装备制造业调整和振兴规划》颁布，将再制造列为发展现代服务业的重要内容，推动装备制造骨干企业发展再制造，由生产型制造向服务型制造转变。2010 年 10 月，国务院 32 号文件《国务院关于加快培育和发展战略性新兴产业的决定》指出：要加快资源循环利用关键共性技术研发和产业化示范，提高资源综合利用水平和再制造产业化水平。

2013 年 1 月，国务院发布了《循环经济发展战略及近期行动计划》（国发〔2013〕5 号），这是我国首部循环经济发展战略规划，该计划提出发展再制造，建立旧件逆向回收体系，抓好重点产品再制造，推动再制造产业化发展，支持建设再制造产业示范基地，促进产业集聚发展。建立再制造产品质量保障体系和销售体系，促进再制造产品生产与销售服务一体化。2013 年 8 月，国务院发布了《国务院关于加快发展节能环保产业的意见》（国发〔2013〕30 号），该意见提出要发展资源循环利用技术装备，提升再制造技术装备水平，重点支持建立 10～15 个国家级再制造产业集聚区和一批重大示范项目，大幅度提高基于表面工程技术的装备应用率。开展再制造“以旧换再”工作，对交回旧件并购买“以旧换再”再制造推广试点产品的消费者，给予一定比例补贴。

当前国家对发展再制造产业高度重视，鼓励政策和法律法规将相继出台，再制造示范试点工作稳步进行，再制造理论与技术的研究已取得重要成果。我国已进入以国家目标推动再制造产业发展为中心内容的新阶段，国内再制造的发展呈现出良好态势。

2.再制造相关的政策法规实施效果分析

2015年，我国已经实现年再制造发动机80万台，变速箱、启动机、发电机等800万件，工程机械、矿山机械、农用机械等20万台套，再制造产业年产值500亿左右。2017年，工业和信息化部印发《高端智能再制造行动计划(2018—2020年)》，预计到2020年，我国将突破一批制约我国高端智能再制造发展的拆解、检测、成形加工等关键共性技术，智能检测、成形加工技术达到国际先进水平；发布50项高端智能再制造管理、技术、装备及评价等标准；初步建立可复制推广的再制造产品应用市场化机制；推动建立100家高端智能再制造示范企业、技术研发中心、服务企业、信息服务平台、产业集聚区等，带动我国再制造产业规模达到2 000亿元。

截至2013年底，国家发改委与工业和信息化部发布的再制造试点单位已有71家，再制造产品达到70种。2009年12月，工业和信息化部印发的《机电产品再制造试点单位名单(第一批)》(工信厅节〔2009〕663号)涵盖工程机械、工业机电设备、机床、矿采机械、铁路机车设备、船舶、办公信息设备等35个企业和产业集聚区。2010年2月，国家发改委、国家工商管理总局联合发布了《关于启用并加强汽车零部件再制造产品标志管理与保护的通知》(发改环资〔2010〕294号)，该通知公布了14家汽车零部件再制造试点企业名单，其中包括中国第一汽车集团公司等3家汽车整车生产企业和济南复强动力有限公司等11家汽车零部件再制造试点企业。2011年和2013年，工业和信息化部发布了《再制造产品目录(第一批)》(2011年第22号)、《再制造产品目录(第二批)》(2011年第45号)和《再制造产品目录(第三批)》(2013年第40号)共三批再制造产品目录，《再制造产品目录》涵盖工程机械、矿山机械、石油机械、轨道车辆、办公设备、机床、内燃机、汽车零部件等22家企业10大类70种产品。2012年4月，国家发改委公布的《通过验收的再制造试点单位和产品名单(第一批)》(发改〔2012〕8号)，包括济南复强动力有限公司等4家的45款发动机、陕西法士特汽车传动集团有限责任公司等3家的27款变速箱，以及柏科(常熟)电机有限公司再制造多个型号的启动机和发电机；2013年2月，国家发改委办公厅发布了《国家发展改革委办公厅关于确定第二批再制造试点的通知》(发改办环资〔2013〕506号)，北京奥宇可鑫表面工程技术有限公司等28家单位确定为第二批再制造试点单位。

(1)再制造法制化程度不断提高。

再制造政策法规经历了一个从无到有、不断完善的过程,再制造产业的发展逐渐走上了法制化道路。从 2005 年国务院颁发的《国务院关于做好建设节约型社会近期重点工作的通知》(国发〔2005〕21 号)和《国务院关于加快发展循环经济的若干意见》(国发〔2005〕22 号)文件中首次提出支持废旧机电产品再制造,在"十一五"和"十二五"期间,国家层面上制定了 30 余项再制造方面的法律法规,其中国家再制造专项政策法规 20 余项,如图1.4所示。

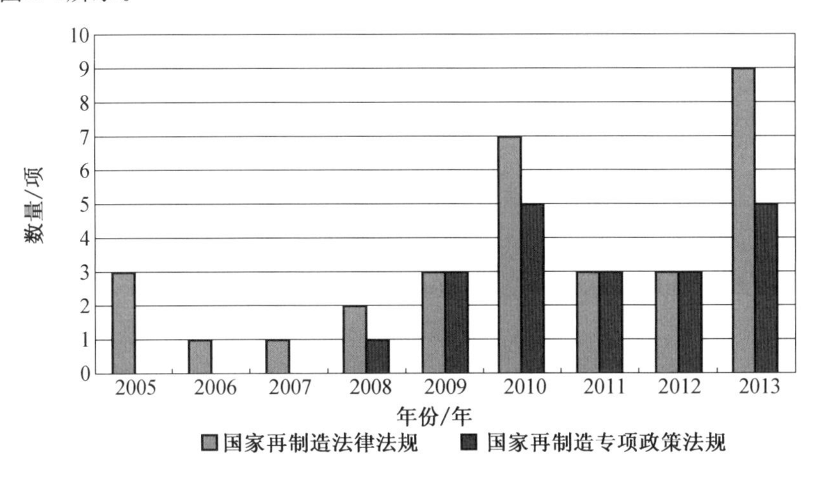

图 1.4 2005—2013 年国家再制造法律法规及专项政策法规

(2)再制造政策法规逐步细化、具体化。

随着再制造产业的发展,国家加大了对再制造产业的支持力度,再制造政策法规逐步细化、具体化,具体体现在再制造产品标示、再制造产品质量控制以及财税政策等方面。

①在再制造产品标示方面。

为推进汽车零部件再制造产业发展,2010 年 2 月,国家发改委、国家工商管理总局联合发布了《关于启用并加强汽车零部件再制造产品标志管理与保护的通知》(发改环资〔2010〕294 号)(图 1.5)。按照该通知的要求,汽车零部件再制造产品应在产品外观明显标注标志,对由于尺寸等原因无法标注的产品,应在产品包装和产品说明书中标注,标注在再制造产品上的标志应能永久保持。2010 年 9 月,工信部印发了《再制造产品认定实施指南》(工信厅节〔2010〕192 号),该实施指南所涵盖的再制造产品认定范围包括通用机械设备、专用机械设备、办公设备、交通运输设备及其零部件等。再制造产品认定包括申报、初审与推荐、认定评价、结果发布等四个阶段。通过认定的再制造产品,应在产品明显位置或包装上使用再制造产品标志,再制造产品标志样式及尺寸如图 1.6 所示。

图 1.5　汽车零部件再制造产品标志

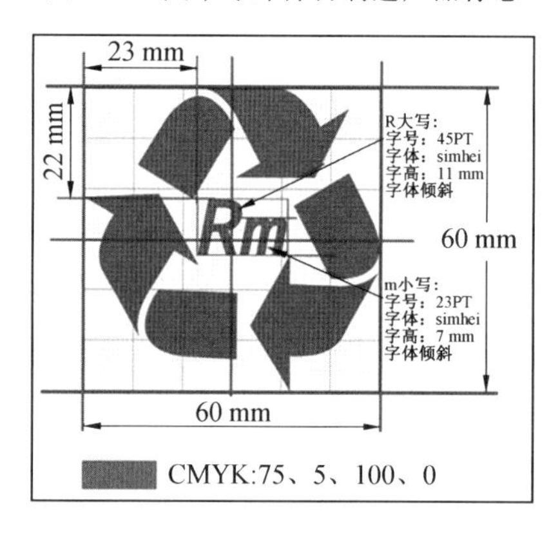

图 1.6　再制造产品标志样式及尺寸

②在再制造产品质量控制方面。

质量保证是再制造产业的难点和关键,再制造的基本特征是性能和质量达到或超过原有新品。为规范再制造产品生产,保障再制造产品质量,促进再制造产业化、规模化、健康有序发展,引导再制造产品消费,2010 年 6 月,工信部印发了《再制造产品认定管理暂行办法》(工信部节〔2010〕303 号),该办法明确了一套严格的再制造产品认定制度,规定再制造产品认定由企业自愿提出申请,由具有合格评定资质的机构具体承担再制造产品认定工作,通过认定的再制造产品,应在产品明显位置或包装上使用再制造产品认定标志,经认定的再制造产品的生产和管理等发生重大变化影响产品质量时，企业应及时向认定机构报告。2013 年 1 月，国家发改委、财政部、工信部、质检总局印发了《再制造单位质量技术控制规范(试行)》(发改办环资〔2013〕191 号)，规定从事再制造所需的基本条件及再制造单位在回收、生产、销售过程中的保障和质量控制要求。规范要求，再制造单位应具备拆解、清洗、再制造加工、装配、产品质量检测等方面的技术设备和能力；从事发动机、变速器再制造的单位需获得原产品生产企业的授权，以保证再制造产品质量；再制造单位可以通过自身或授权企业的销售及售后服务体系回收旧件用于再制造。

③在财税政策方面。

为有效解决发展循环经济投入不足的问题，引导社会资金投向循环经济，2010 年 4 月，国家发改委、人民银行、银监会、证监会联合发布了《关于支持循环经济发展的投融资政策措施意见的通知》(发改环资〔2010〕801 号)，该通知提出要充分发挥政府规划、投资、产业和价格政策对社会资金投向循环经济领域的引导作用，明确了信贷支持的重点循环经济项目，废旧汽车零部件、工程机械、机床等产品的再制造和轮胎翻新等再利用项目，银行业金融机构要重点给予信贷支持。为支持再制造产品的推广使用，促进再制造旧件回收，扩大再制造产品市场份额，2013 年 7 月，国家发改委、财政部、工信部、商务部、质检总局联合发布《关于印发再制造产品“以旧换再”试点实施方案的通知》(发改环资〔2013〕1303 号)，正式启动再制造产品“以旧换再”试点工作。该通知要求，对符合“以旧换再”推广条件的再制造产品，中央财政按照其推广置换价格(再制造产品价格扣除旧件回收价格)的一定比例，通过试点企业对“以旧换再”再制造产品购买者给予一次性补贴，并设补贴上限。该通知对推广企业、产品及旧件回收提出了严格的条件，并对“以旧换再”试点企业的确定、试点企业再制造产品的销售、再制造产品推广数据的审核、“以旧换再”补贴资金的拨付、“以旧换再”实施情况的动态监控等推广方式提出了要求。

上述再制造发展历程表明，国家政府充分肯定了再制造的重要地位和作用，明确表达了支持发展再制造的积极态度。伴随政策法规的逐步完善，我国的再制造工程将进入蓬勃发展时期。

1.3 再制造综合效益概述

再制造产品是绿色产品，质量、成本、环境影响是绿色产品评价的三大指标。为了反映绿色再制造产品的经济效益特性、环境效益特性及其协调优化程度，下面介绍一种综合效益协调度评价方法的思路。

产品的环境影响(E)应包括对资源(物料和能源)消耗的影响(RI)、排放物对生态环境的影响(EI)及对人体健康的影响(HI)；质量(Q)一般包括产品的功能(F)、性能(P)、宜人性(H)等；成本(C)包括企业成本(M)、用户成本(U)、社会成本(S)。由这三个方面的指标可建立绿色产品的评价指标体系。

如将质量与成本的比值定义为质量－成本效率 e_C，表示单位成本所实现的产品质量，即 $e_C=Q/C$；将质量与环境的比值定义为质量－环境效率 e_E，表示单位环境影响所实现的产品质量，即 $e_E=Q/E$，则 e_C 和 e_E 越大，相应的绿色产品的经济效益和环境效益越好。考虑质量、成本、环境影响的产品综合效率可用 e_C 和 e_E 的乘积表示，即

$$CD=f(e_C,e_E)=\frac{Q}{C}\times\frac{Q}{E} \tag{1.1}$$

绿色产品综合效率评价的关键是将各指标进行量化评价。根据绿色产品评价指标体系可以构成环境影响、质量、成本的评价指标的向量表示。其中环境影响为 $\boldsymbol{E}=(RI,EI,HI)$；质量 $\boldsymbol{Q}=(F,P,H)$。由于成本具有统一量纲，所以成本可以看作标量，$C=(M,U,S)$。考虑到产品环境影响和质量的评价很难量化，因此可以采用一种定量定性相结合的层次分析法进行评价。

在图1.7所示的各类层次分析模型中，设待评价的再制造产品为 G_1，参考产品为 G_2。由于成本为标量，其各指标权重相等，而环境影响、质量的指标权重可以采用判断矩阵确定。通过层次分析法可以求出产品 G_1、G_2 对环境影响、质量、成本的权重值 $W_{E_{G_1}}$、$W_{E_{G_2}}$、$W_{Q_{G_1}}$、$W_{Q_{G_2}}$、$W_{C_{G_1}}$、$W_{C_{G_2}}$，于是可以求得

$$e_C(G_1)=\frac{W_{Q_{G_1}}}{W_{C_{G_1}}} \tag{1.2}$$

$$e_E(G_1)=\frac{W_{Q_{G_1}}}{W_{E_{G_1}}} \tag{1.3}$$

$$e_C(G_2)=\frac{W_{Q_{G_2}}}{W_{C_{G_2}}} \tag{1.4}$$

$$e_E(G_2)=\frac{W_{Q_{G_2}}}{W_{E_{G_2}}} \tag{1.5}$$

G_1、G_2 的效益协调度为

$$CD_{G_1}=e_C(G_1)\times e_E(G_1) \tag{1.6}$$

$$CD_{G_2}=e_C(G_2)\times e_E(G_2) \tag{1.7}$$

其乘积越大，综合效益越好。

在进行废旧产品再制造的经济技术效益分析的同时，还要进行其资源环境效益分析。由于再制造产品的质量不低于原始产品，再制造完全免去了产品原始制造中金属材料生产和零件毛坯生产过程中，总量上占有绝大部分的资源、能源消耗和对环境的负面影响，也免去了大部分零件后续切削加工和材料处理中的各种消耗和不利影响，因而再制造具有更加优异的综合效益。

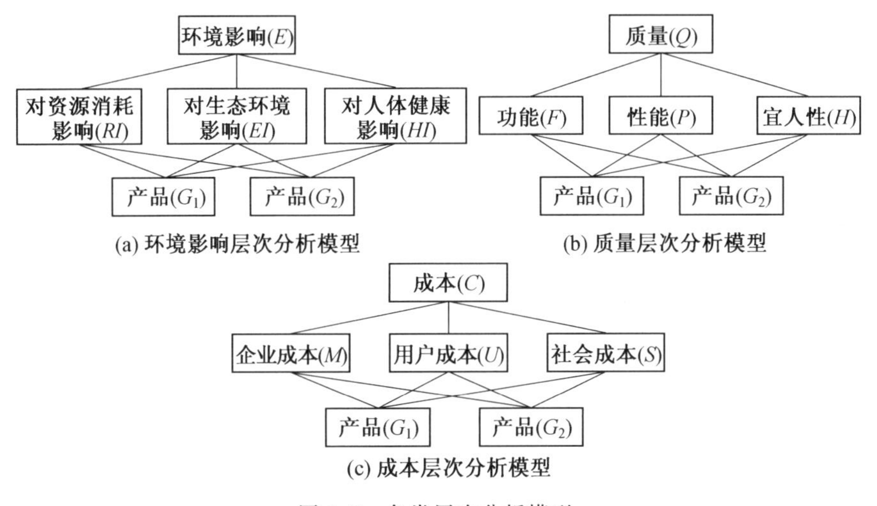

图 1.7　各类层次分析模型

第2章 再制造综合效益评价的理论基础

2.1 再制造与循环经济

2.1.1 再制造4R原则

在工业发达国家中，废旧机电产品数量大，造成的危害暴露较早，因而在循环利用和保护环境方面较早地提出了相应对策。美国从工业发展的角度建立了带有循环经济色彩的“3R”体系（再利用——Reuse、再制造——Remanufacture、再循环——Recycle）；日本从环境保护的角度制定了废旧物资利用的“3R”体系（减量化——Reduce、再利用——Reuse、再循环——Recycle）。我国颁布的“十一五”发展规划将循环经济的基本原则高度概括为“减量化、再利用和资源化”。

从广义的物资循环利用出发，再制造既可以划归为再利用，也可以划归为资源化。以循环利用过程中节能、节材、保护环境的效益来分类，再制造可划归为再利用的范畴。再制造是以废旧机电产品为对象，在保持零部件材质和形状基本不变的前提下，运用高技术进行修复、运用新的科技成果进行改造加工的过程，再制造虽然也要消耗部分能源、材料和一定的劳力，但是它充分挖掘了蕴涵在成形零件中的材料、能源和加工附加值，使经过再制造的产品性能达到或超过新品，而成本是新品的50%、节能60%、节材70%以上，环保显著改善。

以循环利用的对象来分类，再制造可划归为资源化。再制造和再循环都是以废旧机电产品为对象，通过加工变废为宝。由于再循环（金属回炉冶炼、塑料重融、纸张溶解、贵金属化学萃取等方式）消耗的能源较多，而得到的产物只是原材料，因而再制造应是资源化中的首选途径。

2004年10月，在上海“世界工程师大会”上，全国政协副主席、中国工程院院长徐匡迪院士结合中国国情，创造性地提出了关于建设我国循环经济的“4R”工程（减量化——Reduce，再利用——Reuse，再制造——Remanufacture，再循环——Recycle），这就从操作层面上阐述了具有中国特色的循环经济模式。

1. 减量化(Reduce)原则

减量化要求各项社会活动减少进入生产和消费过程的资源和能源量，因而也称之为减物质化。它的实质是要求人们在生产或消费的源头就考虑节省资源、提高利用率、防止废物产生，而不是把眼光放在产生废物后的治理上。

2. 再利用(Reuse)原则

再利用要求人们在社会生产或消费过程中，尽可能多次，或者以尽可能多的方式重复使用物质。通过再利用，人们可防止物品过早成为垃圾。

3. 再制造(Remanufacture)原则

再制造要求将废旧机电产品及零部件作为毛坯，在基本不改变零件的材质和形状的情况下，运用高技术再次加工，充分挖掘废旧产品中蕴含的原材料、能源、劳动付出等附加值，再制造后的质量要达到或超过新品，对环境的污染明显减少。

4. 再循环(Recycle)原则

再循环要求将一道工序或一次使用后产生的废物作为下一道工序或下一次使用的原料，构成资源循环的“生态链”。

2.1.2 循环经济的本质与特点

以物质运动形式为着眼点进行分析，循环经济可简捷地表述为：循环经济是物质循环利用、高效利用的经济发展模式。从资源流程和经济增长对资源、环境影响的角度考虑，经济增长方式存在两种模式：一种是传统增长模式，即“资源—产品—废弃物”的单向式直线过程，这意味着创造的财富越多，消耗的资源就越多，产生的废弃物也就越多，对资源环境的负面影响就越大；另一种是循环经济模式，即“资源—产品—废弃物—再生资源”的反馈式循环过程，可以更有效地利用资源和保护环境，以尽可能小的资源消耗和环境成本，获得尽可能大的经济效益和社会效益，从而使经济系统与自然生态系统的物质循环过程和谐，促进资源永续利用。所以，循环经济是一种以资源的高效利用和循环利用为核心，以“减量化、再利用、再制造、再循环”为原则，以“低消耗、低排放、高效率”为基本特征，符合可持续发展理念的经济增长模式，是对“大量生产、大量消费、大量废弃”的传统经济模式的根本变革。

下面以斯太尔汽车发动机为例，分析在材料水平上循环利用、零件水平上循环利用和整机水平上循环利用的资源效益、环境效益。

1.在材料水平上循环利用

在材料水平上循环利用，是指将废旧机电产品先转化为原材料而后利用。以汽车发动机为例，其主要材料为钢铁、铝材和铜材。当发动机达到报废标准，传统的资源化方式是将发动机拆解、分类回炉，冶炼、轧制成型材后进一步加工利用。经过这些工序，原始制造的能源消耗、劳动力消耗和材料消耗等各种附加值绝大部分被浪费，同时又要重新消耗大量能源，造成了严重的二次污染。

据统计，1 万台 WD615－67 型斯太尔发动机中含钢铁 5 837 t、铝材 160 t、铜材 19 t。每回炉 1 t 钢铁耗能 1 784 kW·h、排放 CO_2 0.086 t；每回炉 1 t 铝材耗能 2 000 kW·h、排放 CO_2 0.17 t；每回炉 1 t 铜材耗能 1 726 kW·h，排放 CO_2 0.25 t。按照上述数据测算，回炉 1 万台发动机的钢铁、铝材和铜材共耗能 1.076×10^8 kW·h，排放 CO_2 533.93 t。

2.在零件水平上循环利用

在零件水平上循环利用包括两部分：一部分是废旧发动机中有继续使用价值的零部件经过清洗处理，必要时通过喷漆保护即可作为发动机的配件在市场上流通。对 1 万台废旧斯太尔 WD615－67 型发动机各零部件损坏情况的检测分析表明，可直接使用的主要零件数量上占 23.7%、价值上占 12.3%、质量上占 14.4%。对这些零件循环使用，可以完全免除原始制造中金属生产、毛坯生产制造、后续切削加工和材料处理等过程，因而资源效益、环境效益好，可节能 2.23×10^7 kW·h，减少 CO_2 排放 76.89 t。另一部分是零件的疲劳寿命仍可保证整机使用一个生命周期，只是表面出现局部磨损、腐蚀、划伤、压坑等缺陷，通过再制造加工，可以使零件在尺寸和性能上达到新品的水平，其中一些易损件，还可以通过表面工程技术使其寿命延长，性能优于新品。这一类零件占 WD615－67 发动机零件总数的 62%，占零件总质量的 80%，占零件总价值的 77.8%。对这部分零件进行再制造加工也免去了其原始制造中金属材料生产和毛坯生产过程的资源、能源消耗和废弃物的排放，并免去了大部分后续切削加工和材料处理中相应的能源消耗和废弃物的排放。零件再制造过程中虽然要使用各种表面技术，进行必要的机械加工和处理，但因所处理的是局部失效表面，相对整个零件原始制造过程来讲，其投入的资源(如焊条、喷涂粉末、化学药品)、能源(电能、热能等)和废弃物排放要少得多，比原始制造要低 1～2 个数量级。

由以上分析可以看出，在零件水平上循环利用，其资源效益、环境效益从理论上分析远远优于在材料水平上的循环利用。但是，当前在零件水平上循环利用在操作层面上存在许多障碍和困难，主要体现在生产的组织与市场的管理问题上。一是在零件水平上循环利用的供应商对零件是否进行了严格的鉴定？零件的抗疲劳寿命能否达到整机的一个生命周期？零件的尺寸和表面性能是否已经恢复到新品的要求？零件供应市场后能否向客户提供质量保证并承担责任？这些问题只有正规的零件再制造厂家才能够做到。当前，流入市场的配件多是由有营业性执照的拆解工厂或无营业性执照的个体进行拆解清洗后直接进入配件市场，不能保证零部件的质量及使用性能。二是市场管理问题。配件市场管理部门如何保证质量合格、有售后服务保障的零件进入市场，而质量不明确，又无售后服务保障的零件不会假冒进入市场，这是市场管理工作的难点。随着国家循环经济法规的制定与落实，这些困难问题将逐步得到解决，在零件水平上的循环利用前景广阔。

3. 在整机水平上循环利用

在整机水平上循环利用，是指以废旧发动机整机为对象，通过再制造加工和技术改造，以再制造后的整机形态供应市场，发达国家已竞相采用该模式。整机水平的循环利用是基于新品标准，采用专业化、大批量的流水线加工及生产方式，再制造后的整机性能和质量可达到或超过新品。据测算，再制造 1 万台废旧发动机耗能 1.03×10^{7} kW·h，与在材料水平上循环利用相比，其耗能仅为 1/15。与新机的制造过程相比，再制造发动机生产周期短，仅占新机制造周期的 46%（见表 2.1）；并且成本降低了 61%（见表 2.2）。

表 2.1 新机制造与旧机再制造的生产周期对比 天·台$^{-1}$

发动机	生产周期	拆解时间	清洗时间	加工时间	装配时间
再制造发动机	7	0.5	1	4	1.5
新机	15	0	0.5	14	0.5

表 2.2 新机制造与旧机再制造的基本成本对比 元·台$^{-1}$

发动机	设备费	材料费	能源费	新购零件费	税费	人力费	管理费	合计
再制造发动机	400	300	300	10 000	3 400	1 600	400	16 400
新机	1 000	18 000	1 500	12 000	4 700	3 000	2 000	42 200

以年再制造 1 万台 WD615—67 型斯太尔发动机为例，则可以节省金

属 7.65 kt,回收附加值 3.23 亿元,提供就业 500 人,并可节电 1.45×10^8 kW·h,获利税0.29亿元,减少 CO_2 排放 0.6 kt,具体见表 2.3。由此可见,实施整机再制造对促进循环经济发展、节能、节材和保护环境等方面具有重要意义。

表 2.3 年再制造 1 万台 WD615－67 型斯太尔发动机的综合效益分析

方法	消费者节约投入/亿元	回收附加值/亿元	直接再用金属/万 t	提供就业/人	利税/亿元	节电/(kW·h)	减少 CO_2 排放/kt
再制造	2.9	3.23	0.765(钢铁 0.575,铝 0.15,其他金属 0.04)	500	0.29	1.45×10^8	0.6

在整机水平上循环利用是以在零件水平上循环利用为基础的。整机再制造包含了零件的再制造,只有零件的质量合格才能保证整机的性能达到甚至优于原型机的新品要求。整机再制造既有完善的生产质量保证体系,又有完善的售后服务保证体系,这就克服了上述在零件水平上循环利用面临的诸多困难。

在整机水平上循环利用,又不是仅仅限于在零件水平上循环利用,在对整机再制造时实施必要的技术改造是其中的一项重要内容,这种技术改造,可使多年前生产的老机型结构更加合理,产品更加耐用,消耗的燃油、机油更少,排放的有害气体减少。

综上所述,整机循环利用是资源效益和环境效益好、再制造产品质量有保证、市场便于管理、客户使用放心的最佳途径。

2.1.3 循环经济的四个层次

循环经济的层次主要包括企业、产业园区、城市(区域)和全球(国际)循环四个层次。这些层次是由小到大依次递进的,前者是后者的基础,后者是前者的平台。

1. 企业内循环

企业内循环是通过在企业内部交换物流、能流和建立生态产业链,使企业内部的资源利用最大化、环境污染最小化。企业内循环与传统的资源消耗高、环境污染严重、通过外延增长获得效益的模式不同,它在生产过程中要求节约原材料和能源,淘汰有毒原材料,削减所有废物的数量和毒性;

并要求减少从原材料提炼到产品最终处置的全生命周期的不利影响;同时要求将环境因素纳入设计和所提供的服务中。

2. 产业园区循环

在产业园区层次中,生态工业园区是一种新型工业组织形态,通过模拟自然生态系统来设计工业园区的物流和能流。园区内采用废物交换、清洁生产等手段把一个企业产生的副产品或废物作为另一个企业的投入或原材料,实现物质闭路循环和能量多级利用,形成相互依存、类似自然生态系统食物链的工业生态系统,达到物质能量利用最大化和废物排放最小化的目的。生态工业园区具有横向耦合性、纵向闭合性、区域整合性、柔性结构等特点,与传统工业园区的主要差别是园区内各企业之间可进行副产物和废物的交换,能量和废水得到梯级利用,共享基础设施,并且有完善的信息交换系统。生态工业园区有别于传统的废料交换项目,在于它不满足于简单的一来一往的资源、能源循环,而旨在系统地使一个园区总体的资源、能源增值。园区内各企业之间的互动与协调可使各企业都获得相应的经济、环境和社会效益。生态工业园区作为循环经济的一个重要发展形态,正在成为许多国家工业园区改造的方向。

3. 城市(区域)循环

城市(区域)循环是企业内循环、产业园区循环进一步扩展的产物,它是通过调整区域产业结构、转变区域生产、消费和管理模式,在一个区域范围和一、二、三产业各个领域构建各种产业生态链,把区域的生产、消费、废物处理和区域管理统一组织为生态网络系统。它也以污染预防为出发点,以物质循环流动为特征,以社会、经济、环境可持续发展为最终目标,最大限度地高效利用资源和能源,减少污染物排放。

循环型城市和循环型区域有四大要素:产业体系、城市基础设施、人文生态和社会消费。首先,循环型城市和循环型区域必须构建以工业共生和物质循环为特征的循环经济产业体系;其次,循环型城市和循环型区域必须建设包括水循环利用保护体系、清洁能源体系、清洁公共交通运营体系等在内的基础设施;第三,循环型城市和循环型区域必须致力于规划绿色化、景观绿色化和建筑绿色化的人文生态建设;第四,循环型城市和循环型区域必须努力倡导和实施绿色销售、绿色消费。

4. 全球(国际)循环

全球(国际)循环是全球循环经济协调发展的最高层次,它是企业内循环、产业园区循环和城市(区域)循环向更大区域扩展的产物。它根据全球的资源分布和物资分配等情况,以各国家的社会、经济、环境可持续发展为最终目标,最大限度地高效利用资源和能源,减少污染物排放,是循环经济从理论到应用的最终具体体现。全球(国际)循环具有规模大、利用率高、加工成本和环境治理成本低的特点。例如,在全球成立由输出和输入国参加类似"世贸组织"的国际机构,进行全球范围内的"专业化分工"。如:承担了回收报废汽车义务的汽车生产厂家,把"劳动密集"的拆解、翻新程序放在欠发达国家,可以使报废汽车回收率由 50%达到 100%。而需要"技术密集"的稀有废金属提纯则可以放在发达国家,同样使回收率由 50%达到 100%。这一"优化组合"可以降低成本、减少污染、增加就业。否则,发展中国家虽然拥有强大的拆解、分检能力却没有货源,发达国家虽然拥有先进的技术,却无力进行前期的分检和拆解。因此,"资源再生产业"由发达国家向人力资源丰富,又有巨大市场需求的欠发达国家转移,形成全球性的国际大循环是一种必然趋势。

2.1.4 再制造对循环经济的贡献

再制造对循环经济的贡献具体表现在以下几个方面。

1. 再制造的资源潜力巨大

表 2.4 中对我国斯太尔 WD615—67 型旧发动机剖析的结果表明,占总机质量 94.5%的零件都可以再利用和再制造。据美国 Argonne 国家实验室统计,美国的再制造活动在节约能源方面具有十分明显的作用:新制造 1 台汽车的能耗是再制造的 6 倍,新制造 1 台汽车发动机的能耗是再制造的 11 倍,新制造 1 台汽车发电机的能耗是再制造的 7 倍,新制造 1 台汽车发动机关键零部件的能耗是再制造的 2 倍,再制造 1 台柯达照相机的能源需求不到新制造照相机的 2/3。这些实例充分说明了对废旧机电产品进行再制造可减少原生资源的开采,减轻我国人均资源匮乏的压力,满足经济可持续发展的需要。每年全世界仅再制造业节省的材料就达到 1 400 万 t,节省的能量相当于 8 个中等规模核电厂的年发电量。

表 2.4 斯太尔 WD615—67 型旧发动机三种资源化形式所占比例

性质	再利用	再制造	再循环
零件价值	12.3%	77.8%	9.9%
零件质量	14.4%	80.1%	5.5%
零件数量	23.7%	62.0%	14.3%

2. 再制造的经济效益显著

1996 年美国再制造产业涉及的 8 个工业领域中,专业化再制造公司超过 73 000 个，生产 46 种主要再制造产品，年销售额超过 530 亿美元，接近 1996 年美国钢铁业的年销售额 560 亿美元，如图 2.1 所示。其中汽车再制造是最大的再制造领域，公司总数为 50 538 个，年销售总额 365 亿美元，占全部再制造业的 68%。资料表明，美国 2002 年再制造产业的年产值为 GDP 的 0.4%。我国 2020 年 GDP 预计达到 40 000 亿美元，如果以美国 2002 年再制造的水平作为我国 2020 年目标，则再制造产业年产值将达到 160 亿美元。

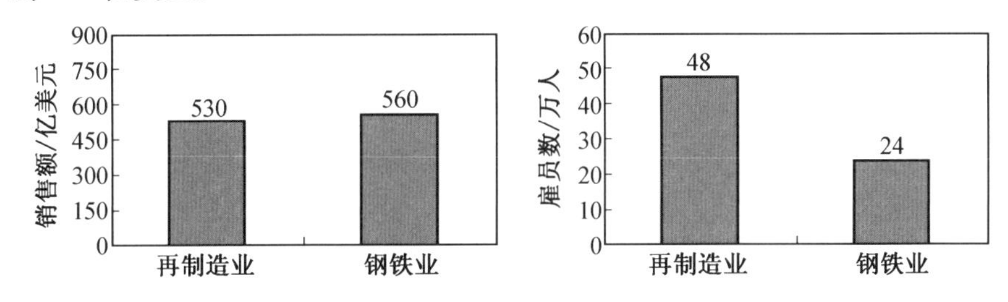

图 2.1 美国再制造业的销售额及就业人数(1996 年)

3. 再制造的环保作用突出

废旧机电产品再制造可以减少原始矿藏开采、提炼以及新产品制造过程中造成的环境污染；能够极大地节约能源，减少温室气体排放。美国环境保护局估计，如果美国汽车回收业的成果能被充分利用，对大气污染水平将比目前降低 85%，水污染处理量将比目前减少 76%，如图 2.2 所示。

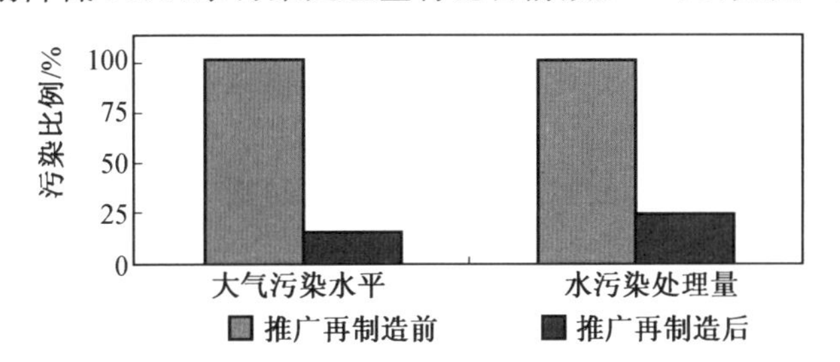

图 2.2 再制造的环保效益预测

4. 再制造能缓解就业压力

实施废旧机电产品再制造，将兴起一批新兴产业，解决大量就业问题。美国的研究表明，再制造、再循环产业每 100 个人员就业，采矿业和固体废弃物安全处理业将减少 13 个人员就业。两者相比，可以看出再制造、再循环产业创造的就业机会远大于其减少的就业机会。

5. 再制造提供物美价廉的产品

通过开展以再制造为主要形式的废旧机电产品资源化，可以为人们提供物美价廉的产品，提高人民的物质生活水平。由于再制造充分提取了蕴含在产品中的附加值，在产品销售时具有明显的价格优势。如再制造发动机，其质量、使用寿命达到或超过新品，并有完善的售后服务，而价格仅为新品的 50%左右，可供不同收入阶层和关心环保的人士选用。

6. 再制造能提升机电产品国际竞争力，扩大对外开放

发达国家相继立法支持废旧机电产品资源化，强化了对进口机电产品废弃时的资源回收利用评价。例如，北美的工程机械要求全部实现再制造，其市场准入制度是制造商负责对售出使用 5 年或运行 1 万小时的工程机械进行全部回收和再制造，并在回收的同时返还消费者产品价格 50%的费用。这已成为我国工程机械进入国际市场的门槛，逼迫我国必须开展废旧机电产品的再制造。如果我国企业能积极开展面向资源化回收的产品设计，并承担起对自己产品实施再制造的责任，就可以避开这些国家的贸易壁垒、扩大出口。同时，还可对进入中国市场的外国机电产品，实施严格的资源回收利用评估。

“加入国际资源大循环”是我国当前对外开放的新形式。发达国家的人均消耗约为我国的 40 倍，每年产生的废旧物资为 40 亿～50 亿 t，其中 20 亿 t 需要劳动密集型企业来处理。另外发达国家的许多二手设备，通过再制造升级也能提升其使用价值。在这种背景下，一种新的开放模式应运而生，即：进口廉价的再生资源＋进口廉价的二手设备＋廉价劳动力＋高技术＝耗能最少、质优价廉的出口产品或内销产品。这种开放模式在我国东南沿海地区和台湾已见成效，并迅速被东南亚国家竞相采用。

2.2 生命周期评价理论

2.2.1 产品全生命周期概念

如同自然界生物的诞生、成长到消亡构成一个生命循环一样，产品作为一类复杂的人工系统也具有诞生、成长到消亡的过程，可称其为产品的“生命周期”，或“寿命周期”“生命循环”。

寿命的概念根据内涵的差别而有不同的定义。美国军用标准特性分类 DoD - STD - 2101(05)中规定：“寿命是指影响产品的使用期、库存和放置期、疲劳特性、耐久性、可靠性、失效频率、耐磨性或耐环境应力特性”；而苏联工业技术可靠性名词与定义 ГОСТ 27.002—83 规定：“寿命是指产品从开始使用，或从修理恢复到临界状态的工作时间”。

产品全生命周期指该产品从论证开始直到退役为止的整个周期。各国对产品全生命周期中各阶段的具体划分不尽相同。产品的全生命周期主要包括论证阶段、方案阶段、工程研制阶段、生产与部署阶段、使用与保障阶段和退役阶段。

产品全生命周期的系统运行遵循图2.3所示的“运动逻辑”——系统运行所固有的时序性，各逻辑阶段递阶循环进行，并形成产品的全生命周期。

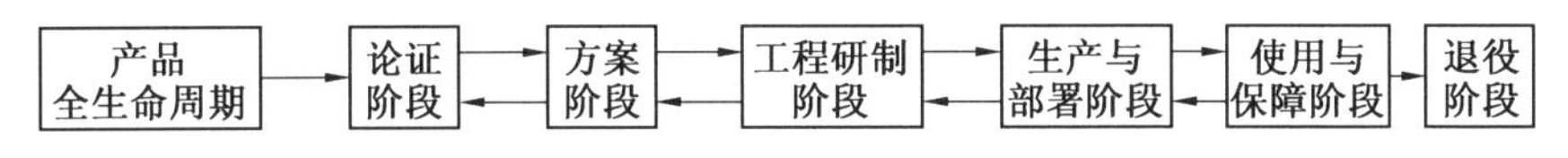

图2.3 产品全生命周期的系统运行

1. 论证阶段

论证阶段的主要活动可分为两部分：首先是根据需求分析、可行性研究，决策产品型号立项；其次是确定总体的系统要求，探索和选择各种备选方案。本阶段应在明确产品系统作战使用需求的基础上，确立使用计划、初始保障计划以及关键分系统和重要设备，初步分析系统效能、费用、进度和风险，选择出效费比高的优化方案，形成功能基线和系统(A类)规范。根据经论证的战术技术指标和初步技术方案，编制“产品系统研制总要求”和“论证工作报告”。

2. 方案阶段

方案阶段的主要活动是方案选择和对已选定的方案进行功能分析和分配，确定分系统和设备的定性、定量要求，重新评价和权衡效能、费用、进度要求，并在可靠性、维修性、保障性以及综合保障诸要素之间进行权衡，进行系统的初步设计和样机的研制试验，形成根本基线和研制(B类)规范以及“研制任务书”。

3. 工程研制阶段

工程研制阶段的主要活动是进行详细工程设计，完成生产所需的成套图纸，提供使用试验所需的综合保障(如备件、试验设备、技术手册、人员培训等)，修改初样机，形成生产型样机，对分系统和设备进行试验及评价，确定系统的作战效能和使用适应性，形成产品基线和产品、工艺、材料规范。

4. 生产与部署阶段

生产与部署阶段的主要管理活动是监督主产品、软件及综合保障设备的生产、组织好产品检验和验收；检查和验收使用说明书、操作规程、维修指南等技术资料的编写和出版；组织操作使用和维修人员的培训。保证主产品和保障产品的配套和同步生产。

5. 使用与保障阶段

使用与保障阶段的主要活动是产品的使用、维修和保障，以保证平时训练和战时作战使用。现代产品使用周期较长，使用和保障系统日益复杂，费用投入巨大，因此，必须确保使用和保障效率与效益不断提高。这一阶段还应根据使用、维修中出现的问题，对产品系统进行科学、准确的评价，提出修改意见。

6. 退役阶段

产品退役时机需要综合考虑多种因素。退役阶段主要管理活动是对主产品和保障产品进行认真的分类清理，对有些仪器、仪表和零(备)件，能在其他产品上应用的，尽量物尽其用；对有些零(备)件通过再制造技术恢复性能后仍可使用的，也要再利用；对不能利用的在不失密的原则下送到指定地点进行废物回收；对一些可能对环境造成污染的退役产品和设施，要严格按照国家的有关规定进行处理。该阶段还有一项重要管理工作，就是组织好对该产品的使用情况进行技术总结和归档工作，为今后新产品的研制提供借鉴和科学依据。

产品全生命周期管理起源于 20 世纪中叶，由于以美苏为首的两大阵营军备竞赛，洲际导弹、航天器、航空母舰、核潜艇等高技术武器装备的研制与部署，使武器装备的综合技术保障难度急剧增加，保障费用大幅增长。"有马无鞍"或"买得起、用不起"的矛盾十分突出，许多国家开始寻求解决矛盾的办法。20 世纪末的几场高技术局部战争充分证明了：高技术条件下的军事对抗，不再取决于装备的总体规模和个别武器的先进性，而主要取决于武器装备体系结构的完整性、适应性和综合技术保障。西方国家用了 20 多年的时间，才建立和完善了武器装备全生命周期管理体制。现在，武器装备全生命周期管理已经成为西方国家武器产品采办管理的基本原则。

产品全生命周期管理是指从产品系统的原料获取、论证设计、生产制造、储藏运输、使用维修到回收处理，以使用需求为牵引，进行全过程、全方位的统筹规划和科学管理。在原料获取阶段，考虑原材料的采掘、生产及其对资源环境的影响；在论证设计阶段，统筹考虑产品的服役性能、环境属性、可靠性、维修性、保障性、回收利用以及费用、进度等诸多方面要求，进行科学决策；在生产制造阶段，实施全面、严格的质量控制；在使用维修阶段，在正确使用产品的同时，充分发挥维修系统的作用，把握产品故障的规律特征，不断改进和提高维修保障系统的效能，保障产品以最小的耗费获得最大的效能与寿命;在回收处理阶段,使退役报废产品得到最大限度的再利用,对环境负面影响最小。这种对产品全生命周期各阶段的全过程、全方位的控制管理,实现了传统产品管理的“前伸”与“后延”,保证了产品全生命周期费用的合理性及对环境的友好性,是发展循环经济和建设节约型社会的重要方面,是实现可持续发展的必然要求。

2.2.2 产品全生命周期设计

1.产品全生命周期设计及其组成

产品全生命周期设计(Life Cycle Engineering Design, LCED)是一种在产品设计阶段考虑产品整个全生命周期内价值的设计方法。这些价值不仅包括产品所需的功能,还包括产品的可生产性、可装配性、可测试性、可维修性、可运输性、可消耗利用性和环境友好性等。产品全生命周期设计是从并行工程思想发展而来的。其目标是所设计的产品对社会的贡献最大,对制造商、用户和环境的影响最小。它要求设计师评估全生命周期成本,并将评估结果用于指导设计和制造方案的决策。由于 LCED 的核心是将产品对环境的负担降低到最低水平,因而在一些场合称其为绿色设计,由其设计的产品称为绿色产品。

产品全生命周期设计的基本构成如图 2.4 所示。LCED 在计算机辅助工程设计环境的支持下利用综合设计评价工具(LCA、DFMA 等),以设计组的形式实施具体产品设计。DFX 是 Design for X(面向产品全生命周期各个阶段/环节的设计)的缩写,其中,X 可代表产品全生命周期中的制造、装配、回收等环节。DFX 设计方法很多,有面向制造和装配设计(Design for Manufacturability and Assembly,DFMA)、面向拆卸设计(Design for Disassembly,DFD)、面向回收设计(Design for Recycling,DFR)、面向

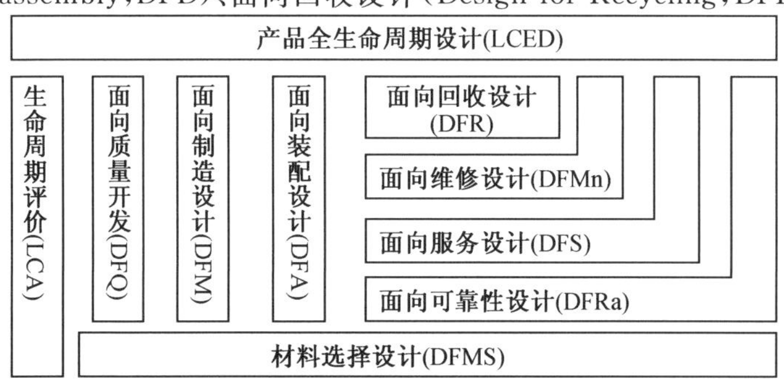

图 2.4 产品全生命周期设计的基本构成

可靠性设计(Design for Reliability,DFRa)、面向环境设计(Design for Environment,DFE),等等。由于回收与拆卸是实施废旧产品再制造的必要环节,下面概略介绍其设计准则。

2. 产品全生命周期设计思想

全生命周期设计作为一种工程方法论,从产品设计、制造和使用全过程的角度,重构产品开发过程并运用先进的设计方法学,在产品设计的早期阶段就考虑到其全生命周期的所有因素,以提高产品设计制造的一次成功率,从而达到缩短产品开发周期、降低成本等目的。全生命周期设计的特点是数字化、集成化、并行化、网络化和智能化。

(1) 数字化。

随着计算机技术的飞速发展,其存储能力不断增加,运算速度不断提高,工程软件水平日益提高,数据库技术日臻完善以及网络技术日益发达。在产品设计中大量使用计算机工具,生成大量的设计和制造数据。数字化已成为现代设计的基本特征,为实现设计的集成化、并行化、网络化、智能化创造了条件。

(2) 集成化。

集成化即在产品设计中多方面的集成,包括信息的集成、过程的集成、资源的集成、人员的集成、技术的集成等。集成化要求设计过程和成果能以最快的速度转入制造过程。其中快速原型设计技术堪称是近20年来制造技术最重大的进展之一。其特点是能以最快的速度将设计思想转化为具有一定结构功能的产品原型或直接制造零件,从而使产品设计开发可能进行快速评价、测试、改进,以完成设计过程。

(3) 并行化。

并行化是一种集成地、平行地处理产品设计、制造及其相关过程的系统方法。并行化要求设计开发者一开始就考虑产品整个全生命周期(从概念设计到产品报废处理)的所有因素。并行化改变了传统的串行设计方法,使得在设计阶段就可能有制造人员的介入和彼此的信息交互,可以避免失误、避免反复,增加了综合协调,从而达到提高设计质量,缩短开发周期和降低成本的目的。

(4) 网络化。

计算机在工程设计中的大量应用迫切要求建立计算机网络来实现信息交换、资源共享。特别是根据敏捷制造思想建立的虚拟公司更需要计算机网络完成相应的分布式信息管理和过程管理。

(5) 智能化。

现代工程对象的复杂性需要将人工智能、神经网络等方面的理论应用于产品设计过程,使整个过程智能化。

3. 面向拆解与回收的设计准则

面向拆解与回收的设计要求在产品设计的初期阶段将可拆解性和可回收性作为结构设计的目标之一,使产品的连接结构易于拆解,维护方便,并在产品废弃后能够充分有效地回收利用。面向拆解与回收设计相关的设计准则见表 2.5。

表 2.5 面向拆解与回收设计相关的设计准则

与材料有关的设计指南	与连接件有关的设计指南	与产品结构有关的设计指南
①减少产品中不同种材料的种类数	①采用易拆和可破坏性拆解的连接件	①减少零件数
②相互连接的零部件材料要兼容	②减少连接件数目	②减少电线和电缆的数量和长度
③使用可以回收的材料	③减少连接件型号	③对产品尽可能采用模块化设计
④对塑料和相似零件进行材料标记	④拆解空间应便于拆解操作	④对不能回收的零件集中在产品中便于分离的某个区域
⑤使用回收的材料生产零部件	⑤减少拆解距离	⑤将高价值的零部件布置在易于拆解的位置
⑥标准塑料上印刷用墨水的材料的兼容性	⑥避免破坏被连接零件	⑥将包含有毒、有害材料的零部件布置在易于分离的位置
⑦减少产品上材料不兼容的标签	⑦采用相同的装配和拆解操作方法	⑦产品设计应保证拆解过程中的稳定性
⑧减少危险、有毒、有害材料的数量	⑧拆解方向一致	⑧避免嵌入塑料中的金属件和塑料零件中的金属加强件
⑨对有毒、有害材料进行清楚的标记		⑨连接点、折断点和切割分离线应比较明显

续表 2.5

与材料有关的设计指南	与连接件有关的设计指南	与产品结构有关的设计指南
⑩连接的材料应与被连接零部件材料兼容		
⑪相连零部件材料不兼容时应使它们容易分离		
⑫减少黏接、除去被黏接件材料兼容		

2.2.3 产品全生命周期评价

为实现产品的绿色化和价值最大化的协调优化，产品全生命周期费用(Life Cycle Cost，LCC)受到了普遍关注。

按 GJB/Z 91—97 标准，全生命周期费用的定义是："在装备全生命周期内用于研制、生产、使用与保障以及退役所消耗的一切费用之和。"即全生命周期各阶段所发生的费用之和。从时间角度看，涵盖原材料生产、产品设计与制造、装配、运输/分销、使用/维修、回收/处理的全过程；从初步成本发生源的角度看，它由制造商成本、用户成本及社会成本组成，如图 2.5 所示。其中，制造商成本除包括产品的设计制造成本外，还包括使用中的服务(保修等)及使用后的回收处理等应付成本；社会成本主要是环境卫生、污染处理等由社会承担的成本。制造商成本和用户成本一般由用户承担。

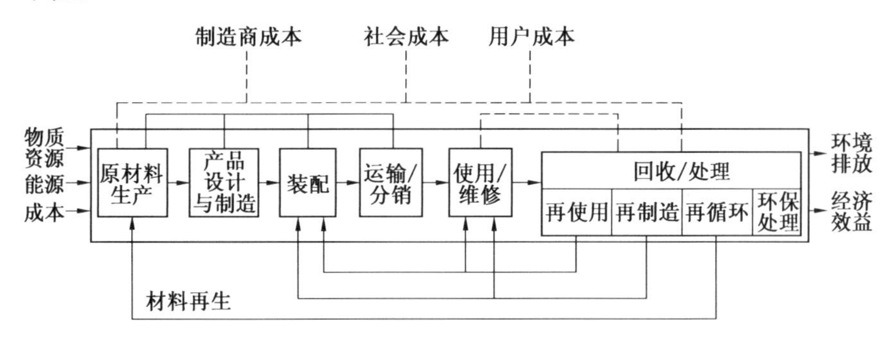

图 2.5 产品全生命周期物流及费用分析示意图

产品全生命周期费用一般可由研究与研制费、生产费和使用与维护费组成，可表达为

$$LCC = PDT\&E + PROD + O\&S = ACPC + O\&S$$

式中 $PDT\&E$——研究与研制费用；

$PROD$——生产费用；

$O\&S$——使用与维护费用；

$ACPC$——采办费用。

(1) 研究与研制费用。

研究与研制费用的主要估算方法包括：

① 与研制同类产品相比，参照以往积累的数据和相关经验，考虑新研究与研制产品的特点对费用的增加或减少等进行估算，研究与研制费用一般占总费用的 10%～15%；

② 按论证和方案研究费、设计试制费、试验与鉴定费、分摊的保障条件费及其他费用等逐项计算。

(2) 生产费用。

生产费用的主要估算方法包括：

① 与生产同类产品相比，考虑新产品的特点、新产品基线变化，对费用的增加或减少等进行估算，生产费用一般占总费用的 20%～25%；

② 按原材料费、设备折旧费、管理费、动力费、维修费、贮存费、废品损失及工人的工资等逐项计算。

(3) 使用与维护费用。

使用与维护费用的主要估算方法包括：

① 与使用及维护同类产品相比，根据使用说明书、训练大纲和维护手册等进行估算，使用与维护费用一般占总费用的 60%～70%；

② 按使用费、维修费、保障费、安装费、人员培训费、退役处置费、退役产品残值等逐项计算。

LCC 分析是产品全生命周期各个阶段进行决策的重要依据。也是为产品设计、开发、使用过程中的各种决策提供一个重要前提。LCC 分析是参与市场竞争的有力武器。产品设计和生产的任何决策，将影响到产品的性能、安全性、可靠性、维修性和维修保障需求等，并最大限度地决定它的价格和运用维修费用。

产品全生命周期费用的概念最早是由美国国防部提出的，其主要原因是典型武器系统的运行和支持成本占了其购买成本的 75%。20 世纪 50 年代，美军对电子设备每年的维修费是设备购置费的 60%～500%；1987

年，美军装备产品的使用保障费用占国防预算的 52%。统计表明，很多产品仅使用几年其保障费用就会增长到超过购置费用，甚至为购置费用的 10 倍以上。如家用设备（空调、冰箱、电视机、洗衣机、冷冻机等）的全生命周期费用与原始价值之比为 1.9～4.8，汽车（标准、小型、次小型）平均为 3.69，固定资产设备为 11.5。可见，许多产品的全生命周期费用的大部分是直接由使用和保障系统的活动引起的。而这些费用的构成在全生命周期的设计阶段已决定。为了使购置费用与使用保障费用的比例趋于合理，必须从全生命周期的全过程来考虑全生命周期费用。

（4）采办费用。

美国提出 LCC 技术后，在 20 世纪 70 年代初，对装备采办提出了可承受性采办政策，颁发了一系列标准、指南，规范了 LCC 定义、估算、分析和评价方法以及管理程序，并成立了相关管理机构，使 LCC 管理规范化、制度化；20 世纪 80 年代后，LCC 技术逐渐国际化，国际电工委员会（IEC）于 1987 年颁布"生命周期费用评价——概念程序及应用"标准草案。1996 年 9 月，IEC 颁布 IEC300－3－3"生命周期费用评价"标准，该标准已成为 ISO 9000 质量管理和质量保障标准的重要组成内容。1997 年 11 月，欧洲铁路工业协会（UNIFE）颁布了《生命周期费用指南》第一部分：机车车辆生命周期费用术语和定义；2001 年 12 月颁布了《生命周期费用指南》第二部分和第三部分：铁路总系统生命周期费用术语和定义、生命周期费用接口。

我国自 20 世纪 80 年代初引进 LCC 技术后，对其进行了深入的研究，并将 LCC 技术引入高校相应专业课程。1992 年我国颁布了国家军用标准"装备费用－效能分析"；1998 年颁布了军用标准"武器装备全生命周期费用估算"。这些年来，LCC 技术已在有关军、民领域的大型工程项目应用上取得了较好的经济效益。如海军对在役各型主要舰船的服役年限论证中，用 LCC 技术对舰船的经济全寿命进行计算，结合其自然寿命和技术寿命分析，提出各型舰船最佳服役年限的建议，为决策提供了科学依据，对海军产品现代化建设起到了重要作用。

LCC 技术主要包括 LCC 估算、LCC 分析、LCC 评价、LCC 管理等。LCC 估算是将具有规定效能的设备的全生命周期内消耗的一切资源全部量化为金额累加，从而得出总费用的过程；LCC 分析则是对产品的 LCC 及各费用单元的估算值进行结构性确定，以确定高费用项目及影响因素、费用风险项目，以及费用效能的影响因素等的一种系统分析方法；LCC 评价是以 LCC 为准则，对不同备选方案进行权衡抉择的系统分析方法；LCC 管理是以全生命周期费用最小为目标，在采办各阶段通过采取各种有效管理措施，使采办的产品既能满足性能和进度要求，又能使其在全生命周期内的总费用最低。

产品效能是LCC管理的目标，效能分析是一种LCC管理所必需的分析技术。效能－费用分析是一种很有效的定量分析方法，可应用于全生命周期任何阶段需要权衡的问题(如不同方案间权衡、不同系统间权衡、战术技术性能指标确定等)，它对准确分析产品的全寿命费用具有重要作用。

LCC分析的一般程序如下：

①明确假定和约束条件。一般包括：产品数量、使用方案、使用年限、维修要求、利率等。

②选择估算方法。估算方法的选择取决于费用估算的目标、时机和掌握的信息量。常用的4种估算法及其适用性见表2.6。

表2.6　4种全生命周期费用估算方法比较

估算方法	论证阶段	方案阶段	研制定型阶段	生产阶段	使用阶段	退役处理阶段	说明
工程估算法	×	×	√	√	√	○	自下而上的估算法。逐个计算最下次费用单元的费用，而后进行逐级累加得到生命周期费用
参数估算法	√	○	○	×	×	×	根据已有类似产品与费用关系密切的主要特性参数和费用资料，运用回归分析法建立主要特性参数与费用的关系式并进行估算。有回归分析法、精神网络法、灰色理论法等
类比估算法	○	√	○	○	√	○	将待估算的产品与已知基准比较系统做比较，找出主要异同点的影响并估算费用
专家估算法	√	√	○	○	○	√	由专家根据经验判断估算。在数据不足、费用关系难以确定等情况下采用

注：√—主要方法；○—次要方法；×—通常不用

③建立费用分解结构。根据估算的目标、假定与约束条件，确定费用单元，建立分解结构。

产品的全生命周期费用一般可分解为：论证费、研制费、制造费、使用与维修费、退役处置费等主费用单元。

④选择已知类似产品。若用参数估算法应选择多种已知类似产品，若用类比估算法应选择基准比较系统。

⑤收集和筛选数据。收集和筛选数据应具有准确性、系统性、时效性、可比性和适用性。

⑥建立费用估算关系并计算。根据估算目标和估算方法，拟定出费用估算模型，该模型应能使估算简易、快速。为估算某些因素或参数对整个全生命周期费用的影响，必要时可建立主导费用与单元费用估算关系式。

⑦不确定性因素和灵敏度分析。不确定性因素是指可能与分析时的假定有误差或有变化的因素，主要包括经济、资源、技术、进度等方面的假定和约束条件。对于不确定性因素应进行灵敏度分析。灵敏度分析主要是分析在某些不确定性因素发生变化时，对费用估算结果的影响程度，以便为决策提供更多的信息。对重大不确定性因素必须进行灵敏度分析。

3. 产品全生命周期的风险评估

风险估计又称风险测定、测试、衡量和估算等，因为我们所要做的风险分析大多是对未来可能发生的事件进行的，用"估计"可以说明其实质，但这种估计是在有效辨识基础上对已确认的风险，量测其发生的可能性（如概率值）及其不利事件的后果大小，是对风险辨识结果的处理或再处理。风险估计的方法较多采用统计、分析和推断法，它一般需要一系列可信的历史统计资料和相关数据，以及足以说明被估计对象特性和状态的资料做保证；当资料不全时往往依靠主观推断来弥补，此时进行风险估计人员的推断素质就显得格外重要。

产品全生命周期面临着多种风险，主要有技术风险、资金风险、人力资源风险、环境政策风险和市场风险等，而每种风险又有各自的影响因素（风险源）。例如，技术风险的风险源包括：技术状态变化、重大的技术发展水平进展、技术发展水平程度、技术发展水平的进展速度、缺少对技术发展水平的支持、材料特性、需求更改、故障检测、可靠性、维修性等。资金风险的风险源包括：资金需求估计上的困难、风险投资经验很少、缺乏适合于投资项目的融资方式和渠道等。人力资源风险的风险源包括：高级人才组织与协调方面的困难、人才流失等。环境政策风险的风险源包括：经济环境变化、政策变动等。市场风险的风险源包括：市场容量的不确定性、竞争结果的不确定性等。在全生命周期不同阶段，其所承担的风险的主次也有明显不同，在不断向前推进的过程中，各种风险有质和量上的变化。

风险评估方法主要有：主观估计法、概率分布分析法、贝叶斯推断法、马尔可夫过程分析法、蒙特卡罗模拟法、模糊数学法等。不同风险评估方法的适用性比较见表2.7。

表2.7 风险评估方法适用性比较

方法	适用性
主观估计法	适用于可用资料严重不足或根本无可用资料的情况
概率分布分析法	适用于风险事件概率分布确定，且风险发生后引起的后果可以量化的情况
贝叶斯推断法	适用于各种风险因素发生的概率和在每个风险因素条件下风险事件发生的概率均可以确定的情况
马尔可夫过程分析法	适用于动态风险过程属于马尔可夫过程，转移概率能够确定且固定不变的情况
蒙特卡罗模拟法	适用于具有许多风险因素的风险事件的评估，尤其是较大的复杂风险事件的情况
模糊数学法	适用于“内涵明确，外延不明确”类型的风险评估

2.3 再制造形成的多生命周期产品

1. 产品多生命周期的概念

产品全生命周期是指产品从方案论证、工程研制、生产和部署、使用和保障直到报废或退役所经历的整个周期。

产品多生命周期则不仅包括本代产品生命周期，而且还包括本代产品报废或退役后，产品或其零部件在换代——下一代、再下一代……多代产品中的循环使用和循环利用的各个阶段。这里的“循环使用”是指将废旧产品或其零部件直接或经再制造后用在新产品中，而“循环利用”是指将废旧产品或其零部件转换成新产品的原材料。通过废旧产品或零部件的一次到多次的循环使用和循环利用，可以使本代使用寿命终止的产品开始其新的生命周期。

2. 产品多生命周期工程

产品多生命周期工程是指从产品多生命周期的时间范围来综合考虑

环境影响与资源综合利用问题和产品寿命问题的有关理论和工程技术的总称，其目标是在其多生命周期时间范围内，使产品的回用时间最长，对环境的负面影响最小，资源综合利用率最高。为了实现产品多生命周期工程的目标，必须在综合考虑环境和资源效率问题的前提下，高质量地延长产品或其零部件的回用次数和回用率，以延长产品的回用时间。

在产品多生命周期工程的体系结构中，绿色制造的理论和技术是产品多生命周期工程的理论和技术基础，而产品及零部件的再制造技术和回用处理技术以及废弃物再资源化技术则是其关键技术。

产品多生命周期工程的特征模型可视为多目标规划模型，其目标函数有 3 个，即在产品多生命周期范围内，产品的回用时间（f_t）最长，资源综合利用率（f_r）最高，环境负影响（f_e）最小。其约束条件主要有 5 个，即产品的质量（Q）、功能（F）、交货期（T）、成本（C）、服务（S）达到相应的指标值。

产品多生命周期工程的特征模型可定性地表达为

$$\begin{cases}\max \boldsymbol{V} = [f_t(\boldsymbol{x}), f_r(\boldsymbol{x}), -f_e(\boldsymbol{x})]^T \\ \text{s.t. } g_q(\boldsymbol{x}) \geqslant I_q,\ g_f(\boldsymbol{x}) \geqslant I_f,\ g_t(\boldsymbol{x}) \geqslant I_t,\ g_c(\boldsymbol{x}) \geqslant I_c,\ g_s(\boldsymbol{x}) \geqslant I_s\end{cases} \tag{2.1}$$

式中　$x_i(i=1,2,\cdots,n)$——影响产品多生命周期工程的回用时间、资源利用率、环境状况以及产品 Q、F、T、C、S 等各种因素（状态变量和控制变量），$X=(x_1, x_2, \cdots, x_n)^T$；

$g_q(X)$、$g_f(X)$、$g_t(X)$、$g_c(X)$、$g_s(X)$——某一代产品的质量、功能、交货期、成本及服务的函数或向量函数；

I_q、I_f、I_t、I_c、I_s——产品的质量、功能、交货期、成本及服务指标常数或常向量。

3. 产品多生命周期的形成

再制造的出现，完善了全生命周期的内涵，使得产品在全生命周期的末端，即报废或退役阶段，不再是“一扔了之”。再制造不仅可使废旧产品起死回生，还可以很好地解决资源节约和环境污染问题。因此，再制造是对产品全生命周期的延伸和拓展，赋予了废旧产品新的寿命，形成了产品的多生命周期循环（图 2.6）。

①对达到物理寿命和经济寿命而报废的产品，将有剩余寿命的废旧零部件作为再制造毛坯，采用表面工程等先进技术进行再制造加工，使其性

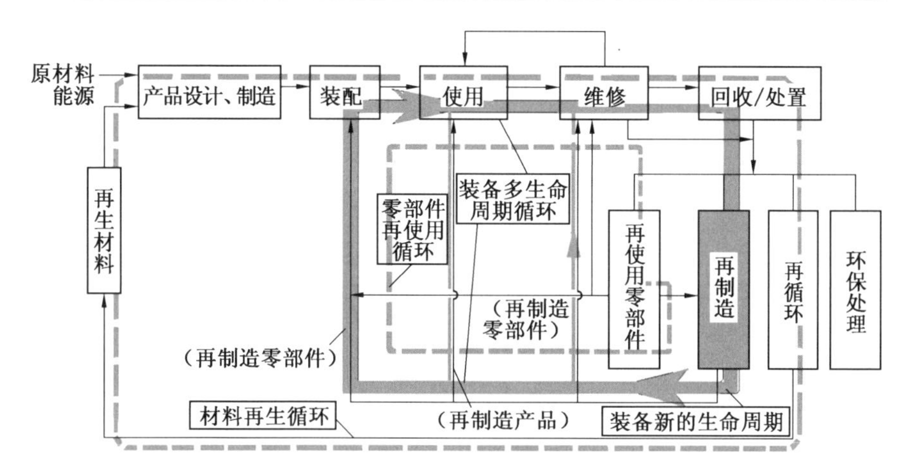

图 2.6 再制造形成产品新的生命周期

能恢复甚至超过新品，开始其新的生命周期。

②对达到技术寿命的产品或不符合可持续发展的产品，通过技术改造，局部更新，特别是通过使用新材料、新技术、新工艺等，改善产品的技术性能、延长产品的使用寿命，开始其新的生命周期。

再制造是对产品全生命周期的延伸与革新。与传统的从摇篮到坟墓的产品生命全过程相比，从时间上将其全生命周期大大延长，再制造再造了废旧产品新的生命周期，形成了产品多生命周期循环，成倍乃至多倍地延长了产品及其零部件的使用时间。从空间上将传统产品的空间范围大大拓展，它使人们从资源环境与可持续发展的高度来认识和对待废旧产品的回收利用问题，使制造商重视产品的可回收利用及可再制造性，并担负起废旧产品回收利用的社会责任，使制造商、再制造企业及回收、环保等部门联系在一起，形成多企业、多部门参与的物流运作模式，从更大的范围来协同解决废旧产品的综合利用问题。

再制造产品属于绿色产品，其毛坯（废旧产品及其零部件）来源、再制造过程的极少材料需求和排放、避免废弃产品对环境的污染等决定了再制造产品具有很高的绿色度，由再制造形成的多生命周期产品的绿色度也随之大大提高，且生命周期循环次数越多提高越明显。

再制造产品具有很低的使用成本。由于再制造产品的成本平均只有原始产品的50%左右，以及其质量不低于原始制造产品（包括使用寿命），因而其单位时间的使用成本也降低到相应数值，由再制造形成的多生命周期产品的平均单位时间使用成本也随之大为降低，且生命周期循环次数越多降低越明显。如果再加上因环境治理等而减少的社会成本，其综合效益更为显著。

产品多生命周期的循环实际上并不是无限的。由于不是任何产品及其零部件都能够或者都适合再制造，有些可再使用、可再制造的零部件随着使用周期的增多将加入到更大的循环回路之中，如有些原来可直接使用的零件需要做再制造修复、强化或改造，有些经过修理和强化的零件将做回炉冶炼，进行再生材料循环。废旧产品及其零部件的多生命周期的循环次数和循环时间取决于其可再制造性、技术经济性、资源环境属性等综合评价的结果。

产品再制造性设计是其多生命周期设计的一个重要方面。多生命周期设计不仅包括产品的功能、制造、装配、可靠性、维修性等共性设计，还应包括其再制造性设计(如可拆解性设计、可回收性设计、模块化设计、标准化设计、可再制造加工性设计、性能升级性设计等)，确保产品的可再制造的特性，并使其对资源的利用率最高，对环境的负面影响最小。应从源头上做好产品的再制造性设计，使产品在设计阶段就为后期的报废处理时的再制造加工或改造升级打下基础。再制造不仅对多生命周期设计提出了更高要求，而且再制造也为多生命周期设计提供了应用信息，将其实践成果及时反馈到设计和制造中去，推进绿色设计和制造技术的不断发展。

4. 产品多生命周期理论的作用

废旧产品再制造具有非常显著的资源环境效益。它不仅能够大幅度地节省资源、能源，对环境的负面影响极小，而且再制造工艺流程的绿色度也很高。再制造产品生命周期评价的这种优势，可用分析比较产品生命周期评价矩阵(表2.8)中的有关元素加以说明。

表2.8 产品生命周期评价矩阵

生命周期	环境要素							
	有害物质	大气污染	水污染	土壤污染	固体污染	噪声	能源消耗	资源消耗
原料获取	(1,1)	(1,2)	(1,3)	(1,4)	(1,5)	(1,6)	(1,7)	(1,8)
产品生产	(2,1)	(2,2)	(2,3)	(2,4)	(2,5)	(2,6)	(2,7)	(2,8)
销售(包装运输)	(3,1)	(3,2)	(3,3)	(3,4)	(3,5)	(3,6)	(3,7)	(3,8)
产品使用	(4,1)	(4,2)	(4,3)	(4,4)	(4,5)	(4,6)	(4,7)	(4,8)
回收处理	(5,1)	(5,2)	(5,3)	(5,4)	(5,5)	(5,6)	(5,7)	(5,8)

表 2.8 这种半定量的评价系统使用了 5×8 二维矩阵，其中的一维代表产品生命周期的 5 个阶段，另一维代表 8 个环境要素。评定者需研究分析产品生命周期各阶段对不同环境要素的影响程度，并将影响程度划分为 5 个等级（以数值 0、1、2、3、4 表示），给予每个元素一个数值，其中对环境负面影响最大而予以否定的数值取 0，影响最小的取 4。此矩阵元素是由专家组根据经验和设计、生产的调查，列出合适的清单以及其他数据进行评价的。给出的评价值可代表较正规的产品生命周期评价的清单分析和影响分析的估算结果。

在对矩阵中每个元素取值之后，对其求和作为环境标志产品的评价指数 R，即

$$R = \sum_{i} \sum_{j} M_{ij} \tag{2.2}$$

式中 M——矩阵元素的数值；

i,j——矩阵元素。

如果每个元素对环境的影响均最小，即每个元素的数值均为 4，则所得 R 的最大值为 160。

与原始制造产品相比较，再制造产品在矩阵中的很多元素可取最高值或较高值。这里仅定性地概略比较机电产品生命周期中的原料获取和产品生产两个阶段的有关元素。

(1)在原料获取阶段中。

① 资源与能源消耗。再制造产品与原始制造产品的原料获取不同，原始制造的机电产品使用的是各种钢材、有色金属、塑料、橡胶等原材料，它们都要消耗大量的不可再生的自然资源，并在采矿、冶炼、合成等过程中消耗大量的能源；而再制造使用的“原料”（或称“毛坯”），是前期制造并经过服役的废旧产品及其零部件，其获取过程也就是废旧产品的回收过程。显然，此过程不需要消耗自然资源，也很少消耗能源。

② 对环境的影响。由于原始制造的机电产品在原料获取中要消耗大量的资源和能源，相应地在其由矿物质冶炼成钢材等转化过程中要排放出大量的有害物质，直接造成大气、水、土壤等污染，产生噪声和各种固体废物。而作为废旧产品回收的再制造“原料”获取过程，不仅不会排放污染环境的有害物质，反而因为将废旧产品加以高效利用，避免了固体垃圾的焚烧、堆放、深埋和其他处理，防止了由此而造成的各种污染，使环境大为改善。

(2)在产品生产过程中。

机电产品原始制造的一般生产过程及其污染物排放如图 2.7 所示。而机电产品再制造的一般生产过程主要包括对失效零部件的表面修复与强化、拆卸与装配调试。在生产过程中，再制造的主要优势在于：

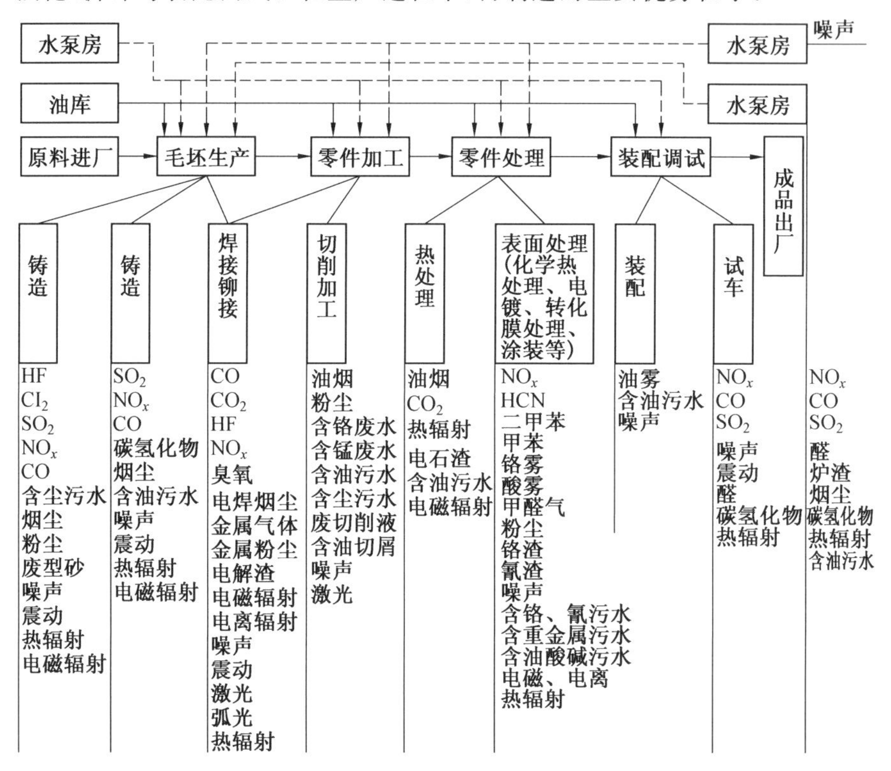

图 2.7　机电产品原始制造的一般生产过程及其污染物排放

① 工艺流程短，耗材耗能少。机电产品原始制造的一般生产过程较长，它的零件制造通常包括锻造或冲压、铸造、焊接、铆接、热处理、机械加工、表面处理等过程，其消耗的原材料往往是零件质量的数倍，并在此过程中消耗了大量的能源。而再制造的生产过程较短，一般只需对失效零件的局部表面进行修复与强化，所消耗的材料只是零件质量的百分之一到十几分之一，相应的，其耗费的能源也很少。机械零件的再制造保留了原始零件制造时的绝大部分原材料的价值和制造过程中投入的附加值。

② 一般没有重耗材耗能工序。原始制造中的铸造、锻造、冲压、焊接、铆接等零件成形工序是耗材耗能大户，其排放和造成的环境污染非常严重；切削加工工序往往要去掉毛坯的大部分材料，耗材耗能及废弃物排放也十分可观。再制造一般没有锻造、铸造、冲压等工序，与原始制造相比，

虽然有时也有表面处理、堆焊、机械加工等工序，但其相对数量小，相应的耗材、耗能和排放也少。

③ 总的说来，再制造过程很少消耗自然资源与能源。如国外汽车旧发动机的再制造仅需要新品制造阶段16%的能源和12%的材料，旧启动器的再制造需要的能源和材料分别占新品制造阶段的13%和11%。我国目前再制造1万台斯太尔发动机，可节电0.16亿kW·h，所需能源约为新机的20%。再制造能收回大约85%的"附加值"(这种包括劳动力、能源和使原材料转换成产品的附加值在产品成本中占有最大的比例)。按质量计，再制造产品平均使用的再制造部件占85%～88%，或每吨新材料中旧材料的使用有5～7 t。再制造产品生产所需能源是新产品所需能源的$\frac{1}{5}$～$\frac{1}{4}$。

第3章　再制造经济效益评价

3.1　再制造经济效益影响因素

3.1.1　再制造经济性参数

1. 回收参数

废旧装备与产品作为再制造的主要来源，其中旧件回收是再制造过程中的关键环节之一。再制造旧件的来源主要有3种渠道：一是4S店或修理厂，是零部件再制造毛坯的主要来源；二是主机厂下线产品；三是报废产品，其渠道来源只占很小的一个比例。然而，更多再制造企业旧件回收困难重重，呈现出回收率较低和"吃不饱"等问题，从源头上制约企业的运营。因此，如何解决旧件回收成为再制造企业面临的首要问题，也是再制造供应链研究的热点问题。

影响旧件回收成本的因素是多方面的，包括旧件回收数量、旧件回收价格、回收旧件质量以及旧件物流成本4个子参数。子参数不仅仅影响旧件获取成本，还将影响其他子参数，再制造产品采购子参数关系图如图3.1所示。

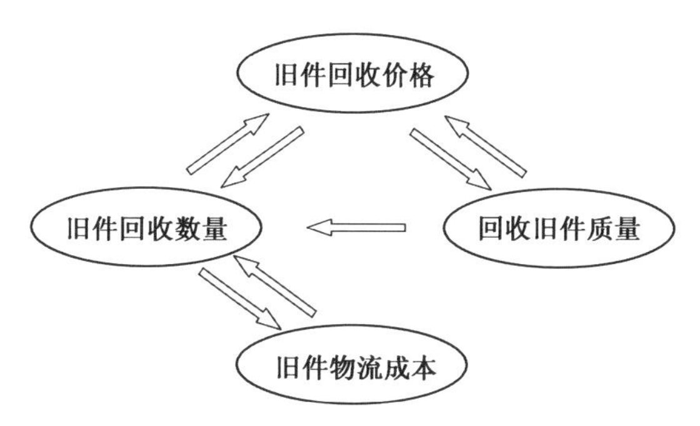

图3.1　再制造产品采购子参数关系图

(1)旧件回收数量。

通过对装备维修企业和汽车零部件、机床、矿采、电器电子类再制造企业的调研发现：装备再制造回收过程中，通常军队待维修装备都存在指标行为，数量较少，企业存在“吃不饱”等情况；普通产品再制造过程中，由于很多客户倾向于把废旧产品卖给收购价较高的废品经销商而不是托运到原始设备制造商（OEM）或卖给第三方再制造企业，企业回收数量受到多次经销商与物流的影响导致企业回收数量偏低。部分企业基于自身的最大利润的考虑，为弱化再制造产品对新品销售的影响，存在减少对废旧产品的回收等行为。

根据消费者行为学理论，再制造企业依据废旧产品的质量特征，制定合理的回收价格。然而，再制造企业要提高经济效益，必须回收更多的旧件，从而采用通过控制回收价格的方式提高回收数量。随着旧件回收数量的增加，大量不适合再制造的废旧产品将会流入企业的回收链，导致旧件质量整体降低，最为直接的表现是再制造率下降和资源化比重提高。大型再制造企业拥有完善的物流供应链，旧件回收数量的增加提高了供应链的动力，物流成本提高伴随着整体效益的提升。大多数企业通过第三方物流实现旧件回收，旧件回收数量的增加将会大大增加物流成本。因此，旧件回收数量与旧件回收价格、回收旧件质量及旧件物流成本属于共同体，由于参数的变化率高，企业只有解决这些问题，实施再制造才能获得更高效益。

(2)旧件回收价格。

有关旧件回收价格的研究表明：旧件的定价机制对旧件回收数量和质量具有举足轻重的作用。在原始制造商、第三方再制造企业及经销商3种不同回收渠道下，定价机制不同将会对同样的旧件产生不同的回收价格。从消费者角度来看，无论是原始制造企业和第三方再制造企业，还是废品经销商，价格是衡量客户意愿和旧件走向的决定性因素。

再制造企业通常采取提高价格的竞争方式提高旧件回收率，部分企业旧件回收价格机制忽视旧件剩余价值，并统一定价，往往造成再制造率较低、资源化成本提高及整体效益不高。再制造企业应在科学的旧件回收定价机制上，提高回收价格刺激消费者以获取更多的旧件资源。对一些质量较好或剩余价值较高的旧件给予更高的价格，改变消费者对产品一定使用到报废为止的使用观念，例如，2009年国家发改委、财政部、商务部等5部委出台的《促进扩大内需鼓励汽车、家电“以旧换新”实施方案》中，通过财政补贴建立有效的旧件回收机制，也就是通过提高回收价格的方式，进一步增加旧件的回收。同时企业也需要在旧件回收价格与旧件再制造费用之间维持经济平衡，也就是在客户获得收益和企业获得效益上构建相应的体系。

(3)回收旧件质量。

再制造企业对同一件产品采用相同的再制造工艺与流程，旧件的质量将会决定再制造企业的综合效益，如果旧件经过检测被判定为不适合开展再制造或无任何效益甚至亏本的情况下，这些回收的旧件将被进行资源化处理。一般情况下，在企业回收的装备与普通产品中经过初步检测有94%适合再制造，而剩余的6%需要资源化处理。在旧件再制造完成后经过质量检验，只有90%质量合格，剩余10%仍需资源化处理。

通常旧件使用环境各异、使用频率也不同，旧件质量可以划分为不同的质量级别，各等级的旧件的再制造成本也将会出现波动。在理想的状况下，不同质量旧件的再制造成本存在差异，从而在再制造流程中会造成再制造成本的增加。旧件的质量取决于新品质量、使用时间以及产品维护等。客户使用的产品属性影响客户对旧件的处理收益，质量较好的旧件再制造过程中会大大减少再制造成本。

(4)旧件物流成本。

旧件物流成本是指产品的空间位移和时间消耗过程中所耗费的各种劳动和物化劳动的货币体现。旧件从客户运输到再制造工厂的成本中，运输成本与运输距离和时间消耗是成比例的，因此，如何使旧件从消费端高效、低成本地回流到循环供应链上游端(原始制造商和第三方再制造企业)成为一个研究的热点问题。

旧件物流成本受回收渠道、回收地域及回收数量等因素的影响，一般回收渠道包括原始制造商的物流链、第三方企业物流链、专业回收企业及各级经销商等，如图3.2所示。一般情况下，旧件回收地域较广、旧件分散程度较高及回收难度较高，造成物流成本的升高。随着回收数量的增加，各回收链将形成规模效应，提高物流效率和综合效益。

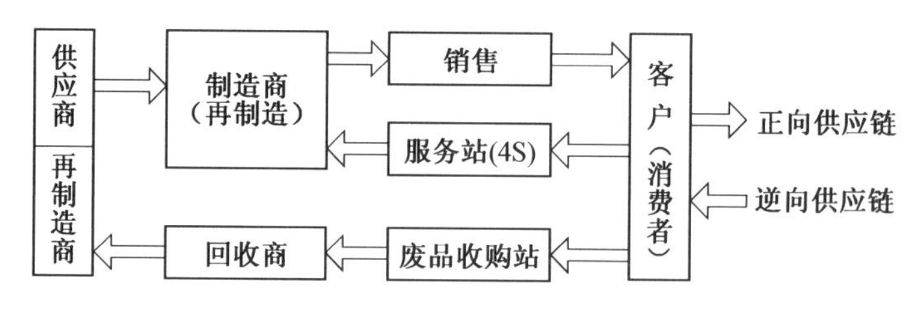

图3.2 再制造闭环供应链结构图

2. 工艺参数

工艺参数是指旧产品到达工厂，在经过一系列的处理(清洗、拆解)后，它们的性能达到新品标准。其间产生的成本来源于技术能力、运营成本及库存成本，与系统柔性共同构成工艺参数的 4 个子参数，子参数的关系如图 3.3 所示。

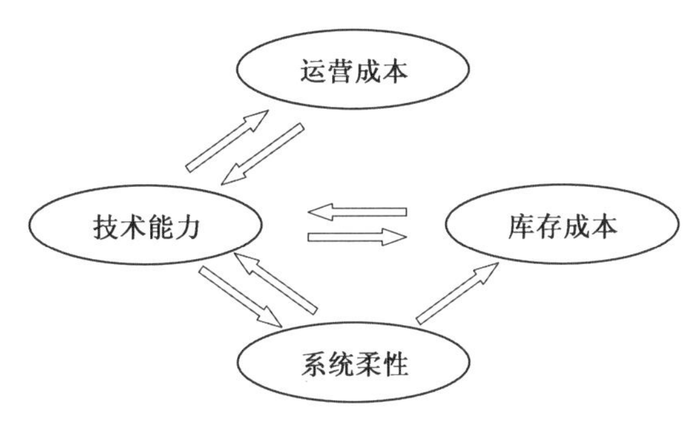

图 3.3 再制造工艺参数子参数关系图

(1)技术能力。

技术能力是指企业拥有的知识，包括技术创新、设备、人员素质、信息及组织等知识。对于再制造企业，技术和工艺是技术创新特征中非常重要的参数，体现企业将产品恢复到与原始产品相媲美的能力，设备是再制造过程中的重要资源，设备的先进程度决定着企业再制造技术能力的高低，技术与管理人员的经验和素质以及研发经费的投入程度共同决定再制造企业的组织协调与权变能力。因此，企业再制造技术能力越强，应用的领域越广，企业获得的效益就越高。

我国很多再制造企业拥有自己的核心技术、设备、研发团队及创新体系，具有较高的企业技术能力。企业技术能力越高，表明拥有的再制造技术与工艺水平越先进，提高了再制造过程中的加工效率，并节省了再制造过程修复成本和库存成本的投入。企业技术能力越高，系统柔性越高，则会提高企业在再制造技术方面的技术兼容性，从而不仅提升了企业再制造产品的市场竞争力，还提高了再制造新领域开发的投入产出比。

(2)运营成本。

运营成本是指从旧件到工厂开始，包括拆解、清洗、加工、装配、检测等方面的成本，也包括这期间使用的材料与环境投入。中间也会出现不可再制造零件处理费用与可重复使用处理费用，所有这些过程需要监测和控制系统的运营成本，此成本包括人工成本、机械维修费用等。在激烈的市场竞争下，企业要想获得更高的利润，只有降低运营成本，才能在同类再制造产品与新品竞争中具有价格优势。

运营成本是企业技术能力的直接体现。从微观来看,企业通过提高再制造技术可提高再制造产品的质量性能,扩大市场对再制造产品的需求偏好和需求量。

(3)库存成本。

库存成本是指采购的产品、回收作业的零件以及购买的新零件存储在仓库中,直到整个过程完成所产生的成本,一般公司称为库存承载成本。这是一个不可分割的参数,因为一些库存将永远存在,主要是由新技术的需求和采购决定的。科学合理的库存可以使整个企业的生产过程更加高效,若控制不当将会为企业带来更高的运营成本,尤其是对再制造企业这样依靠回收旧件完成生产的企业,将会造成周转不灵、库存浪费严重、企业资金不足等。

运用科学合理的库存模式,解决企业实际库存难题,对于企业技术能力的提升具有重要的作用。控制库存成本有利于降低再制造综合成本,既能保证其他活动的顺利进行,又能提高企业的竞争力,确保企业技术能力持续、稳定、健康地提高。

(4)系统柔性。

柔性制造系统(Flexible Manufacturing System,FMS)又称系统柔性,是一个与变化相关的重要系统能力,包括设备柔性、制造柔性、产品柔性、流程柔性及产量柔性等,其评价指标见表3.1。柔性制造系统的构建将会增加企业的固定投入,使得再制造成本增加,然而,柔性制造系统的构建不仅提升了再制造产品的品质,可以提升售价抵消成本的增加,还引入了更多的新竞争方式,提高再制造产品的产量和销售。特别是企业实现了再制造产品多样化、具有创新性,满足了客户的需求,获得更大的市场份额。

发展系统柔性有利于解决当前再制造旧件多品种、中小批量等难题,可以在最短的时间里,以最低的成本投入完成从一种产品的再制造到另一种产品的再制造,有利于提升企业技术能力。系统柔性的提升会大大节省再制造过程中企业的库存成本,良好的柔性减少了过程中旧件、再制造新品及配件的贮藏,缩减了整个再制造过程所耗费的人力、时间等。

表 3.1 系统柔性(FMS)指标体系

关键要素	设备柔性	技术人员	物流回收	控制系统	其他
内容	生产多种产品、产品改进和新产品引进	掌握多种加工操作、新产品的知识和技能	在复杂环境下准确输送零件	多种产品和产品组合	新设备安装调试、新再制造产品回收与计划制订
灵活性	快速转换功能、过程成本消耗很低	快速地转换操作	准确地处理新增零件种类和新增物流路线	原始件与改进件转换	市场变化、客户需求
稳定性	转换精度、转换速度	操作准确度、操作速度	物流准确度、物流及时性	转换快速、转换准确	客户需求、新再制造产品开发

3. 修复参数

再制造毛坯回收过程中，毛坯质量是关键影响因素之一。毛坯拆卸后，检测单个零件受损情况，将可再制造的零件送往加工车间，做进一步处理，其他已失去利用价值或不可再制造零件做报废处理。因此将再制造率、报废处置成本与新件购置成本作为共同控制参数，参数之间的关系如图 3.4 所示。

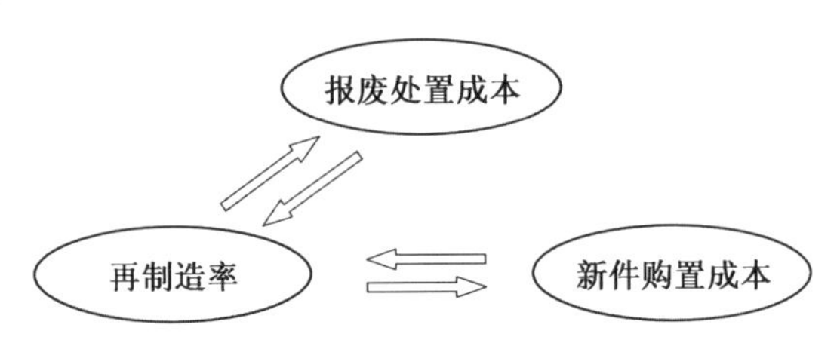

图 3.4 修复参数各子参数关系图

(1)再制造率。

再制造率是指单位再制造毛坯经过再制造生产加工，所获得的合格再制造零部件的数量之和、质量之和、价值之和占对应产品总数量、总质量、总价值的百分比，分别称为数量再制造率、质量再制造率、价值再制造率。一方面，随着再制造思想在设计阶段的引入，大量易修复、易拆卸、污染小等原材料被利用。先进的再制造技术的开发，不断创新零部件的修复技术、最大限度地利用产品的附加值，还提高了生产效率、降低了生产成本。另一方面，产品需要及时回收，在一定程度上控制旧件的质量，从而提高再制造率。

对企业来说，一般旧件回收是整机，而再制造的产品可以是整机也可以是零件，再制造整机中使用的零件包括再制造件、直接利用件、新购买零件 3 个部分。企业会设定再制造整机生产的价值区间，当购买新件成本超过区间时就不再进行再制造机组装，当作再制造零件销售。因此，零件再制造率的提高，可以降低报废处置成本与新件购置成本。

(2)报废处置成本。

再制造的主要目的是最大限度地减少浪费和节约资源，不同形式的废弃物需要不同的处理技术，因此报废处置使整个再制造过程增加额外成本。旧件回收完成拆卸后，一般橡胶、塑料等制品必须进行资源化处理，然后对各零件进行初步清洗检测，综合评估零件的剩余价值、再制造成本等内容，对不适合开展再制造的零件进行资源化处理。在各零件完成再制造后进行质量和性能测试，不合格产品需要资源化处理，企业在整个再制造过程中始终坚持质量第一的原则，在此基础上提高再制造率。

(3)新件购置成本。

在整机装配过程中，很多橡胶、塑料等零件需要购买新零件，也包括部分资源化的零部件购买。因此新件购置成本也将会影响再制造总成本，进而影响企业的整体效益。

4. 市场参数

识别再制造产品和零部件的市场参数很难，市场认可度、产品竞争、广告成本以及产品质量基本都是产品的质量和成本在客户方面的反映，如图 3.5 所示。

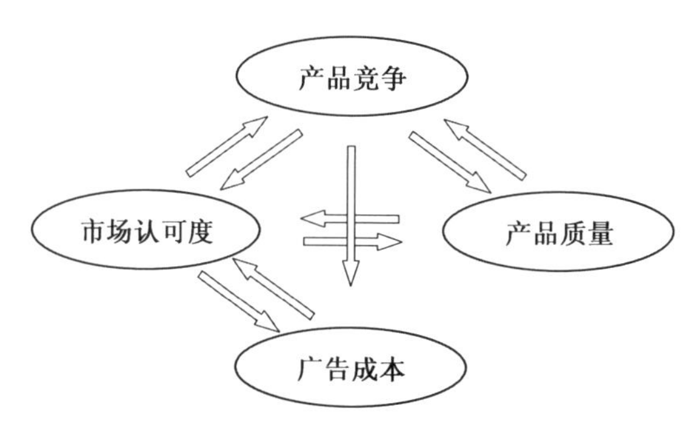

图 3.5　再制造产品市场参数各子参数关系图

(1)市场认可度。

国外再制造市场快速发展的一个重要因素是消费者对于再制造产品的认可,也就是市场认可度。在国内,国家发改委、工信部、环保部等多个部门一直大力推动我国再制造产业的发展与市场和消费者的认可。首先,消费者和市场的认可最重要的一点在于再制造产品的质量和性能,可靠的产品是再制造信心的体现,才能让消费者使用得放心。目前,随着我国再制造产品范围的不断扩大,国标委不断地推进再制造标准体系的构建,当前已制定了国家标准、企业标准、行业标准、团体标准、地方标准等,进一步对再制造生产过程的质量进行控制。从目前的试点企业来看,再制造产品的质量都可以达到与新品相当的标准。

因此,政府和企业需要加大对再制造产品的宣传和消费引导,努力提高再制造产品的市场认可度。从品牌消费的角度来讲,市场认可度的提高,将增加企业的影响力和再制造产品的竞争力,进而更多废旧产品的附加值将会被挖掘。就市场而言,随着再制造产品市场的认可度提高,将引起维修行业和废旧产品回收市场的变革,淘汰质量得不到保证的翻新、私自组装等的企业,进而使再制造产品的质量得到保证。就企业发展战略而言,在企业再制造产品销售初期,需要投入较大的广告成本,导致再制造成本增加,随着市场认可度的提高,广告成本的投入将会逐步缩减至稳定状态。

(2)产品竞争。

再制造产品的竞争方式主要包括原始制造商与再制造商之间的竞争、新品与再制造产品之间的竞争、同种产品的竞争 3 种竞争方式,主要体现在销售量、质量、销售价、消费者态度、行业排名等。在文献[63]构建的再制造商和制造商的再制造竞争模型中,提出当竞争方式为古诺竞争时,原始制造商比再制造商更具价格优势。在原始制造商只生产新品的情况下,再制造商生产的再制造产品将会与新品发生挤兑效应,导致新品价格降低。基于企业利润最大化,企业将针对是否开展再制造进行演化博弈,选择独立再制造或授权第三方再制造企业。

产品竞争不仅促进生态效益和企业利润最大化,还提高了再制造产品的质量。产品竞争需要企业扩大广告成本的投入,以提高产品的竞争力,尤其是同行业或同产品下。企业竞争将会吸引消费者的注意力,增加消费者对于再制造产品的了解,提高市场认可度。

(3)产品质量。

随着再制造市场的不断拓展,再制造产品质量成为再制造产业发展的关键因素，不仅影响企业生存与效益，还影响再制造产品的市场认可度。姚巨坤教授指出旧件质量、再制造设备、再制造技术、再制造技术人员、再制造目的、再制造标准等是影响再制造产品质量的主要原因，提出了企业要克服再制造偶然性与系统性对再制造产品的影响，在再制造生产、再制造工序、再制造技术上严格控制，达到新品或高于新品的质量检测标准。

由于再制造产业在市场的发展是一个很长时间的过程，因此，只有经过消费者认可，才能建立起再制造企业的品牌。在这一过程中，再制造产品的质量是建立市场或品牌的基础，只有高质量的再制造产品才能获得市场认可和提升竞争力。

(4)广告成本。

再制造企业广告成本投入的一个很重要的原因是广告投入影响企业行为与绩效。广告直接作用于消费者，具有说服功能，进而影响市场结构的变化，获得竞争优势。大量文献表明，企业广告投入与企业利润并不是简单的线性关系，存在拐点或最高点。广告有利于新厂商和新产品进入市场，而再制造产业正在兴起的关键阶段，更要开展科学合理的广告决策。在文献[64]中分析了从理论和实际应用两个方面研究广告的影响因素和广告产生的影响行为，针对企业广告的投入提出了优化和政策建议，对再制造企业广告的决策具有很强的借鉴性。

广告费用直接影响再制造的整体成本，然而这一成本可以得到补偿，不仅能增加市场的认可度，还可通过提供优质的产品和售后服务，获得质量更高与更多的旧件，提高企业整体效益。

3.1.2　再制造经济性管理

1. 降低再制造成本的途径

(1)原始制造商。

原始制造商(OEM)掌握装备设计、生产等重要信息，开展再制造具有先天优势。进行旧件回收是影响再制造经济性的关键因素之一，可以利用自身售后服务网络进行回收，也可以委托第三方回收公司。降低原始制造商的再制造成本有以下几种途径：

①鼓励客户将旧件返还给原始制造商(OEM)，并为他们提供一些优惠现金、折扣或运输费用以增加旧件回收数量。并积极构建企业生产闭环网络，使整个供应链循环起来，产生更大的效益。

②处理好再制造产品与新品销售平衡点。再制造产品有潜力成为新的利润增长点，但有可能造成新产品销售下降。因此，要整体考虑新产品

和再制造产品的盈利平衡点，优化新产品和再制造产品的定价策略。

③提高企业再制造技术和系统的灵敏性，从技术、人才、生产等方面提升综合实力，缩短再制造周期，降低再制造成本，提高再制造产品质量。

(2)第三方独立再制造企业。

对于第三方独立再制造企业而言，再制造产品设计、技术、生产工艺是提高再制造产品生产效率的关键影响因素。因此，从经济性影响因素角度考虑，降低装备再制造成本有以下几种途径：

①加强回收体系建设，完善再制造技术研发、公共服务平台，促进资源共享，积极借鉴国外先进技术与管理模式，加强自主知识产权建设与核心技术方面的创新。

②企业作为再制造设计的主体，积极开展再制造设计和技术创新，重视长远规划和综合效益。处理好与原始制造企业的知识产权问题，避免产生知识产权纠纷和市场混乱。

③加强再制造产品售后服务能力，提高消费者的认可度。消费者认可度也反映出再制造后的销量情况，打破再制造销售的瓶颈才可扩大企业营业收入，进而降低再制造成本。

④研发柔性化，采用智能再制造技术，提高企业核心竞争力。企业柔性化的提升将会大大提高企业抗风险能力和市场应变能力，先进的技术不仅能提高工作效率，还能提高再制造产品的质量和性能，吸引更多的消费者。

2. 基于全生命周期成本的再制造流程设计

再制造流程设计是企业再制造开展的前提，也是成本控制的关键。企业通过对市场需求和消费者需求确立生产的目标，筹划生产所需的资金、人员、物流链条等。然而方案设计并不是一蹴而就的，需要相当长时间的分析和模拟生产，这也是企业必备的一项能力。基于上述内容，建立再制造流程设计图，如图 3.6 所示。

(1)设计目标。

成本管理设计目标是为了企业的整体运行服务。在市场经济下，行业间竞争主要集中在成本方面，在保证再制造质量性能、服务等条件下，实现成本的连续降低，表现为对产品不同生命周期各阶段的成本控制。企业决策中需要考量的成本信息主要来源于企业内部，并且作为员工考核衡量的标准之一，也利于外部对企业的资产估值与盈利能力的估计。

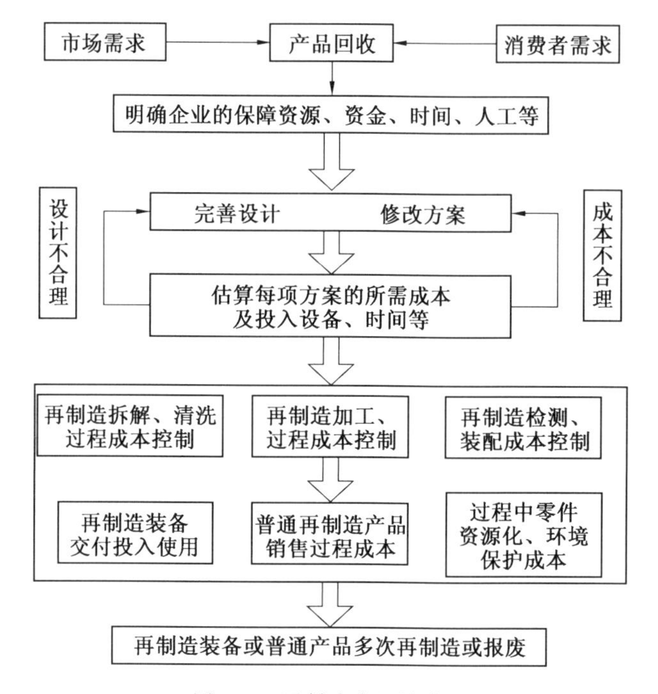

图 3.6　再制造流程设计图

(2)成本估算。

企业在整个再制造链上进行成本的估算,可分为方案设计阶段成本预估、生产阶段成本估算,以及销售、售后成本估算,三个阶段成本的估算综合起来就是整个再制造成本信息,也成为基于成本作业法。

(3)成本控制。

基于作业理论的成本管理模式是从企业作业链研究成本问题。成本设计阶段是成本控制的最佳阶段,控制着 80%～90%的成本,针对整个再制造方案的规划设计,预先设定成本效益模型。成本和效益从很大程度上由市场发展趋势和企业技术实力决定,从成本出发制订再制造工艺、技术、生产及设备等方案。在再制造加工阶段不断优化设计方案,严格控制成本,围绕成本设计目标展开。

(4)成本分析。

再制造成本分析包括事前预测、事中分析及事后分析,三者缺一不可。精确的事前预测、详细的事中分析和事后分析构建了完整的分析体系,有利于各部门间进行整体企业差异评价、部门绩效、整体评价。

3.2 再制造经济效益评价方法

3.2.1 目标与范围定义

再制造成本分析的目标是考查再制造过程中各个阶段发生费用的动因、要素及数值大小，识别再制造关键过程和关键技术，为再制造流程优化、技术创新及装备维修保障提供决策依据。

如图 3.7 所示，再制造全生命周期包含装备设计、制造、装配、使用、维修、退役等一系列过程。再制造全生命周期是指装备的回收、拆解、清洗、检测、再制造加工、零部件测试、装配或作为配件、使用等过程。因此，再制造成本分析需要从回收阶段开始，一般包括再制造后服役一个完整周期的全部过程。本书研究的边界为进入再制造加工中心到出厂的过程，即“大门到大门”。

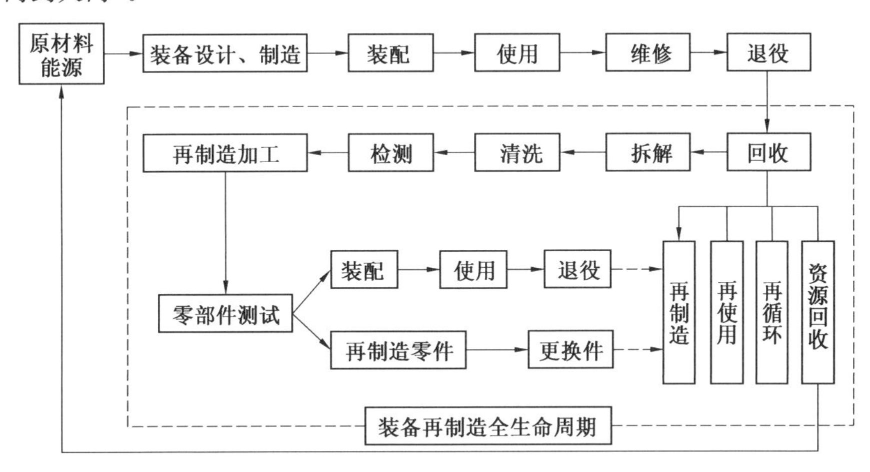

图 3.7　再制造全生命周期

3.2.2 成本分解结构

对于再制造加工而言，重点关注回收、拆解、清洗、检测、再制造加工、零部件测试以及装配等过程内的成本总和。通过查阅文献和企业调研，再制造成本主要包括旧件获取成本、加工成本、材料购买成本及相关间接成本，其具体分解结构如图 3.8 所示。

(1)再制造回收过程发生的旧件获取成本包括购置成本和物流成本，

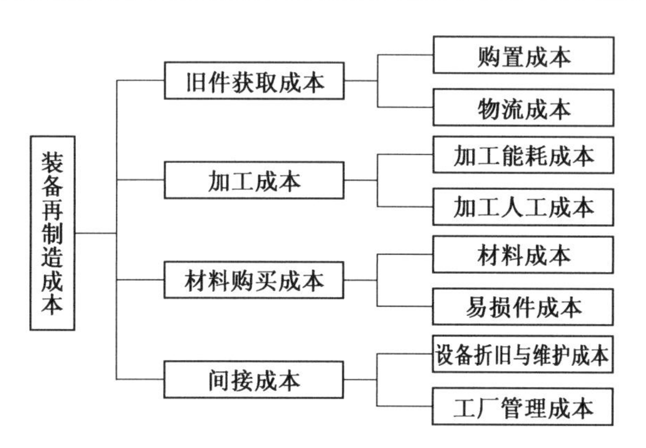

图3.8 装备再制造成本分解结构

其购置成本一般为固定值，而物流成本与运输距离有关，即

$$C_q = \frac{l \cdot C_l + C_n}{n} \tag{3.1}$$

式中 C_q——平均一台装备获取成本；

l——运输距离；

C_l——单位距离所需支付的运输成本；

n——运输装备的数量；

C_n——废旧装备购置成本。

(2)加工成本 C_p 涉及恢复毛坯性能过程中设备的能耗成本与人工成本，即

$$C_p = \frac{\sum_{i=1}^{h} C_{ei} + T \cdot f \cdot C_f}{n} \tag{3.2}$$

式中 h——加工的工艺数量；

C_{ei}——能耗成本，$C_{ei} = C_{wi} + C_{oi} + C_{gi} + C_{eli}$，其中 C_{wi} 为水费、C_{oi} 为油料成本、C_{gi} 为气体成本、C_{eli} 为电费。

T——加工时间；

f——参与人工数；

C_f——工厂单位工时费。

(3)再制造材料购买成本 C_m 包括清洗使用的材料成本 C_{Mc}（不包括水费）、加工材料成本 C_{Mr}、需要购买的易损件成本 C_{Mp}，即

$$C_m = \frac{C_{Mc} + C_{Mr} + C_{Mp}}{n} \tag{3.3}$$

(4)间接成本 C_o 分为管理费和工厂管理成本，其中设备折旧与维护成

本 C_a 包括设备折旧成本 C_d 和设备维护成本 C_s，则 C_o 表示为

$$C_o = C_d + C_s \tag{3.4}$$

工厂管理成本按总成本的 $x\%$ 收取。

装备再制造成本为以上成本之和，即

$$C_{total} = (C_q + C_p + C_m + C_o) \cdot (1 + x\%) \tag{3.5}$$

3.2.3 效费关系

经济寿命为确定装备服役年限的重要依据，因此，再制造产品的经济寿命对于评价再制造非常重要。在装备经济寿命研究的基础上开展装备再制造经济寿命分析，即

$$T = \sqrt{\frac{2(Y - L_n)}{\lambda}} \tag{3.6}$$

式中 T——装备经济寿命；

Y——再制造装备购置成本；

L_n——第 n 年的净残值；

λ——使用增加值。

装备再制造效费比 E 定义为再制造装备效能 V 与投入成本 C_{total} 之间的关系，即

$$E = \frac{V}{C_{total}} \tag{3.7}$$

在效费关系基础上引入函数 ε 用以评价不同效能与不同产品下的效费比之间的关系，即

$$\varepsilon = \frac{E_a}{E_b} \tag{3.8}$$

3.2.4 再制造成本分析流程

通过以上流程分析，可以构建出适合一般再制造过程的成本分析模型，如图 3.9 所示。

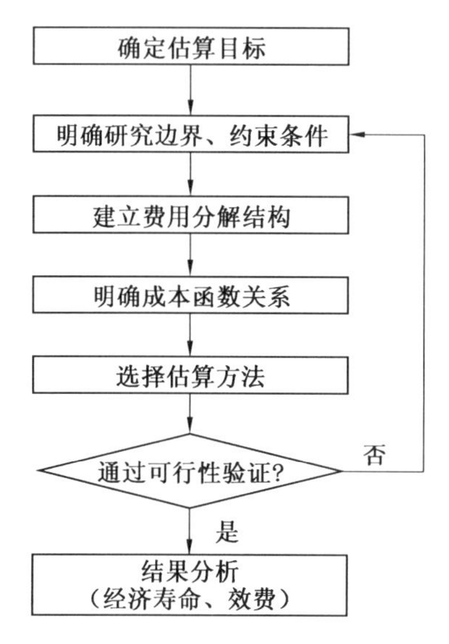

图 3.9　再制造成本分析模型

3.3　再制造经济效益管理

3.3.1　再制造成本预测

1. 常用的成本估算方法介绍

常用的成本估算方法有参数估算法、类比估算法、趋势外推法、灰色系统估算法、组合估算法、工程估算法等。不同成本估算法适用于不同成本发生阶段,其中参数估算法、类比估算法、趋势外推法、灰色系统估算法、组合估算法等属于事前预测,而工程估算法属于事后成本的预测和分析。

以上方法中,参数估算法通过选取再制造成本关键参数推断总成本;类比估算法以过去类似的再制造产品为基础估算各项成本;趋势外推法根据过去和现有的数据推断装备再制造产生的成本,对数据质量和数量要求较高;灰色系统估算法应用 GM(1,1)模型对装备 LCC 费用进行预测,具有使用样本量小、建模精度高的特点,可对部分信息未知的系统建模;工程估算法通过自下而上地逐项计算成本,最后累加得到整体成本总和。

(1)参数估算法。

参数估算法是根据装备的历史数据,选择若干与成本敏感性较高的参数,应用回归分析法处理参数和成本之间的数学关系式来估算产品的成本。也就是输入是性能参数，输出是预测成本，能客观地反映成本，但存在局限性，需要较多的历史数据，并且其中某一个技术或工艺发生变化时，参数估算法没有办法快速反映出来。

对于再制造企业而言，在多年的成本预测探索下，分析发现再制造成本与发动机购置成本、必换件成本、再制造试车合格率、试车油耗量、再制造工时、工时费等因素的波动息息相关，因此，参数估算模型的建立决定参数估算法的准确性。参数估算法通常只在再制造产品研发初期和企业再制造开展初级阶段适用，随着再制造方案、技术和管理的升级，需不断地评估对预测成本的影响程度，降低了预测精度。

(2)类比估算法。

类比估算法指的是以已有再制造产品成本数据为基准，分析已知产品成本与待估算产品成本之间的相同点和不同点，对待估算的再制造产品成本进行对比和估算。以两者结构、性能、功能上的差异为重点对象，根据经验对预测目标的成本相对于基准比较的不同进行适当修正，从而预测出装备再制造成本值，基准系统也可以是多种型号的组合。

类比估算法的预测需要历史数据做支撑，首先明确已获得的数据信息对成本的影响，然后评估技术更新、市场环境变化带来的影响，最后由技术人员对成本的预测值进行修正。类比估算法中对于成本影响的判断和基准系统的评估存在主观性，成本预测值存在不确定性。具有简单易行、快速等特点，适用于装备制造设计与规划的早期阶段，不适用于装备再制造成本预测。

(3)趋势外推法。

趋势外推法用于预测渐进型变化，相对于时间或其他因素具有一定的规律性。在将成本作为预测对象时，时间变化或者其他方面表现出某一种上升或者下降的现象或趋势，在此基础上推演出一种函数关系曲线能准确地反映这一变化趋势，根据变化的因素计算出成本的预测值。

趋势外推法还需假设因素决定成本未来的发展趋势，使其不变或者变化较小，能根据过去的发展趋势构建函数模型从而预测未来发展趋势和规律。趋势外推法属于一种统计预测方法，能呈现出成本未来的发展规律，并预测成本。对于再制造而言，首先是因素变化较大，存在跨越式发展的情况，其次是没有前提的条件作为支撑，不适用于再制造成本预测。

(4)灰色系统估算法。

灰色系统估算法主要用于部分信息未知和少量信息获知的情况下。灰色理论是由我国邓聚龙教授提出的，经过多年的发展和完善，已形成灰色建模、灰色估算、灰色分析、灰色控制与决策等一系列理论支撑。常用的 GM(1,N)灰色预测模型中,GM 表示灰色模型、1 表示变量的一阶微分方程、N 表示有 N 个关键参数。

灰色系统估算法通过对采用的数据列进行累加处理,从无序的数据列中发现有序性。装备的性能指标与再制造成本之间就属于灰色关系,可以通过灰色系统估算法预测再制造成本。具有使用样本量小、建模精度高等优势,通常 4 个以上的变量就可以建模,通过累加等方法转化成有序数列。而对于装备再制造成本而言,数据缺乏是预测的难点,灰色系统估算法非常适合再制造成本的预测研究。

(5)组合估算法。

粗糙集组合估算方法通过评价粗糙集属性的重要性,将概率统计与粗糙集相结合。将多种估算方法组成的集合当作决策的条件集合,利用条件集合的熵计算各估算方法(属性)对预测指标(决策集合)的重要性,进一步确定各预测方法的权重系数,规避了组合估算中主观因素的影响。

(6)工程估算法。

工程估算法是利用成本分解结构自上而下逐级逐项地计算成本,将整个装备在再制造生命周期设定边界内的所有成本单元进行累加,估算出再制造总成本,又称为作业法和 ABC 法。

应用工程估算法,根据建立的成本分解结构,咨询相关技术人员或者财务会计,预测的成本较为准确。工程估算法还可以对各个子系统再制造成本进行精确估算。成本分解结构划分得越精细,预测精度就越高。工程估算法可以作为调整或优化其他估算方法的辅助手段,也是企业财务常用的估算方法。然而,由于成本分解结构的差异,不可避免主观因素带来的影响。因此,工程估算法常被用作装备成本的估算和分析,为降低成本提供思路。

2. 预测方法选择

装备再制造成本估算方法的选择需要根据再制造过程的复杂度、信息获取的便利性等因素综合考虑,其不同的估算方法的适用成本阶段见表 3.2。

表 3.2 不同估算方法的适用成本阶段

估算方法	成本阶段			
	设计阶段	生产阶段	使用阶段	再制造阶段
参数估算法	适用	不适用	适用	不适用
类比估算法	较适用	不适用	较适用	不适用
趋势外推法	不适用	适用	适用	不适用
灰色系统估算法	适用	不适用	适用	适用
工程估算法	不适用	适用	较适用	较适用

3.3.2 再制造成本控制

随着再制造的不断发展，当前面临的外部环境发生了变化，环境的变化又推动成本管理模式的变化。为适应环境的变化，再制造企业现行的成本管理模式需不断调整。

1. 质量成本管理

质量成本管理连接技术与经济，实现产品质量与成本最优的管理活动。装备再制造企业通常只重视质量和性能而忽略成本，很难开展质量成本管理。质量成本管理作为企业成本管理的重要部门，与再制造成本、研发成本、销售成本等统一，才能组成完整的成本。

2. 全生命周期成本管理

全生命周期成本管理是在全生命周期理论上发展起来的，依据设定的边界条件可以研究某一段过程的成本，也可以从整个生命周期角度考虑整个过程产生的成本。

3. 战略成本管理

战略成本管理是企业从发展战略角度考虑企业成本，以提高企业的市场竞争力和企业效益水平，具有外向性、长期性及全局性等特点。与传统成本管理相比，分析数据扩大到企业财务数据以外的非财务、组织、资源等信息。

4. 环境成本管理

近些年来，环境保护成为全球共同关注的热点问题，包括水污染、空气污染等，再制造企业本身作为环保型产业之一，始终坚持减少环境污染、降低资源消耗、减少污染物排放。目前，环境管理成本不仅仅是企业为达到国家污染物排放标准的投入成本，还包括了企业环保建设投入的成本，很多企业不愿承担这一责任，不断缩减环保的投入。因此，企业需要强化环保意识和责任，加大环境成本的投入和管理。

再制造企业现行的成本管理模式太过于宏观，过于重视财务账目，缺乏科学的预测、分析和决策，尤其是装备再制造企业依旧停留在供销模式，与市场脱节的成本管理模式导致企业效益不高。科学的成本管理模式是企业提高效益的保证，部分再制造企业存在过于重视降低生产费用、过于节省正常开支的现象，打击了企业进行技术创新和产品推广的积极性，不利于企业长远发展。很多装备再制造企业面临的是成本管理效率低的问题，由于再制造企业90%的资金投入再制造生产过程，内部信息系统建设、处理数据方式落后，数据信息不能作为再制造决策手段。因此，真正意义上的企业成本管理对于企业的发展、效益的提高发挥着至关重要的作用。

成本管理作为再制造企业精益生产(Lean Manufacturing)的重要组成部分，将成本管理重心从再制造现场转移到物流、库存、生产计划、部门协同等管理上来。在生产中杜绝资源浪费、间断性作业，精简冗余的流程与人员部门，实现最小的成本投入，最大限度地获取效益。再制造成本管理体系分为3个层次，如图3.10所示。

(1)目标层。

再制造成本管理的基本目标是整体管理不断优化和效益最大化，可以分成再制造成本最低和再制造产品销售额最大化两个小目标。实现再制造成本最低，一要加大装备的获取批量，并且持续性减少人工投入、生产周期及克服间接浪费。二是确保再制造产品都能满足装备服役标准和性能要求，减少报废或资源化成本，建成柔性化再制造企业、流水线及人员能力等。目标的实现也离不开重要原则的支撑。

(2)原则层。

要实现再制造成本最小的基本目标，必须遵循以下4个准则：一是环境保护最大化，再制造过程中减少CO_2、硫化物、氮化物、固体垃圾等，实现绿色再制造。二是提高资源利用率，一些回收的旧件并不适合再制造，需要资源化处理。同时需要购买大量的材料，将材料利用最大化，减少浪费。三是技术工艺最优化。近些年再制造技术发展迅猛，一系列的技术应用到装备中，也造成了技术浪费。针对零件失效特点选择最适合的技术和工艺，重视技术匹配性发展。四是质量性能标准化。很长一段时间内，零件再制造标准存在真空期，仅仅依靠企业自己的标准执行，致使再制造产品的质量层次不同。建立和统一再制造标准规范有利于再制造产品的质量管理，提高装备的作战能力。

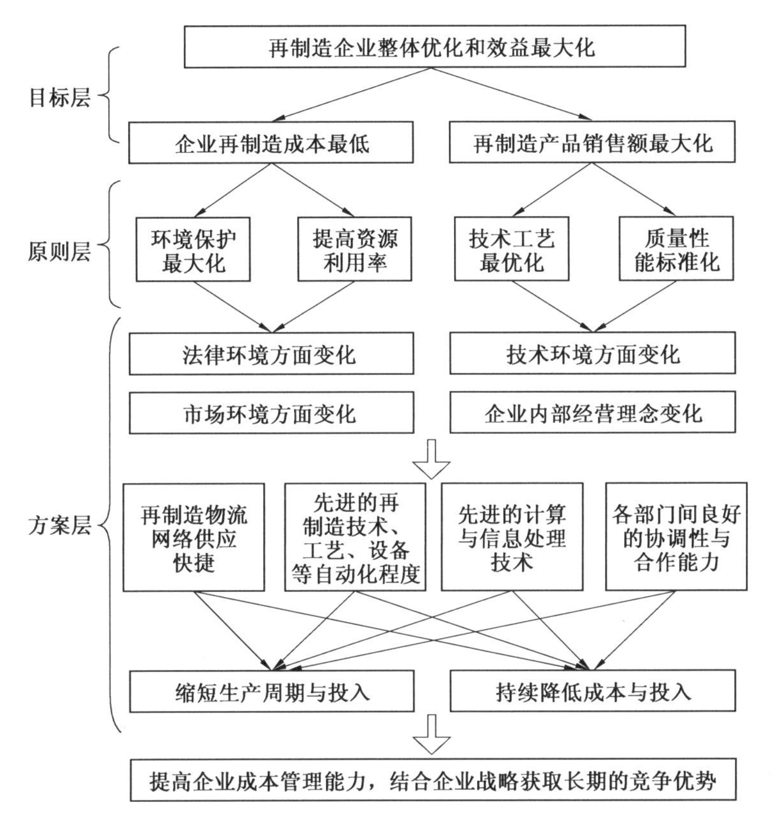

图 3.10 再制造成本管理体系设计图

(3)方案层。

方案层作为整个成本管理体系的核心部分，将法律环境、市场环境、技术环境、企业内部经营理念等方面的变化作为重点关注内容，保证方案的顺利实施。方案的设计主要解决再制造物流网络优化、技术工艺流程的自动化、信息处理、各部门协同能力等，目的是缩短生产周期、持续降低成本和各项投入。目前，物流网络或逆向物流的研究、技术开发与创新、企业自动化融入都是研究的热点问题，在大型企业各方面资金充裕，在各方面的投入都能取得较高的效益提升，然而对于装备再制造企业或普通再制造企业而言，企业资金问题是阻碍企业发展的重要因素。因此，再制造企业更需合理地制订相应的再制造方案，在确保再制造产品质量性能的基础上，降低企业资金投入，保证每项技术、设备和人员的投入能取得更高的效益。鉴于此，不仅要提高再制造企业成本管理能力，还要提升再制造企业的竞争力与再制造产品的市场竞争力。

第4章 再制造环境效益评价

4.1 环境效益影响因素

4.1.1 再制造与节能减排

再制造是使不能正常运转的、废弃的或旧产品恢复到和新品一样的状态的过程。其中的关键词为“和新品一样”。从生产商的角度来看，这表明了再制造商(Remanufacturer)的目的和对产品的要求，及其对履行这种要求的能力。再制造毛坯(Core)可能有各种各样的缺陷，但再制造商必须制造出能符合“和新品一样”标准的产品。从顾客的角度来看，“和新品一样”代表了顾客对再制造品的期望。在性能和外观上，产品必须至少达到同类新产品的规格。

再制造是发生在最初产品使用和最终产品报废或回收利用之间的活动。在使用过程中，产品可能会被清洗、刷新或修理以保持其功能效用，在使用后，它可能会被出售，或者按原样清洗、修复或测试后重新使用，但不管怎样，它是一个二手货，这些活动的目的是延长产品最初的生命周期。再制造恢复产品至和“新品一样”的状态，提供了产品一个全新的生命周期。再制造提供了相当于新品小部分价格的再制造产品给市场(或返回到其原始拥有者)。由于不同行业零部件所使用的术语不同，导致了再制造定义的复杂性。在一些术语中再制造只是其中一部分，但在其他术语中却不是。例如术语“大修”用于飞机发动机领域描述定期维修和发动机的完全再制造，再制造只是其中一个方面的内容。同样，机床“维修”意味着纠正导致故障的原因，更换一个损坏的零件或是更换所有的磨损件或不规格件而不需要完全的拆解和整修，而这些在再制造中却是必须要做的。

由于再制造既具有“以废旧件为加工毛坯，以恢复废旧件工作性能为目的”的维修工程的特色，又具有“以标准化生产为前提，以流水线加工为标志”的制造工程的特征，因此再制造工程既属于维修工程，是维修发展的高级阶段，与此同时，也保持着与维修、制造的很大不同，具体差异见表4.1及表4.2。

表 4.1 再制造与维修的区别

项目	维　修	再制造
加工规模	以手工为主;针对单件或小批量零件	以产业化为主;主要针对大批量零件
技术难度	要求单机作业效能高	不仅要求单机作业效能高,还需要适应流水线作业的要求,有的还需自动化操作
理论基础	关注单一零件的技术基础研究	关注单一零件的技术基础研究,同时进行批量件的基础理论研究
修复效果	具有随机性、原位性、应急性,修复效果达不到新品水平	按制造标准,采用先进技术进行严格加工,再制造产品不低于新品甚至超过新品

表 4.2 再制造与制造的区别

项目	制造	再制造
加工对象	以铸、锻、焊件为毛坯的零件	经过长期服役而报废的成形零件
毛坯初始状态	毛坯件相对均质、单一	毛坯件存在因磨损、腐蚀而导致的表面失效,因疲劳导致的残余应力和内部裂纹,因震动冲击导致的零件变形等一系列问题
前处理难度	表面清洁,不需要前处理	毛坯件表面存在油污、水垢、锈蚀层,需要环保清洗工序予以去除。存在硬化层,需要预加工去除
质量控制手段	对零件进行寿命评估和质量控制已趋成熟	由于再制造毛坯的损伤失效形式复杂多样,残余应力、内部裂纹和疲劳层的存在导致寿命与服役周期难以评估,再制造零件的质量控制相对复杂
加工工艺	制造过程中产品尺寸精度和力学性能是统一的,适合规模化的生产	毛坯件变形和表面损伤程度各不相同,却必须在同一生产线上完成加工,必须采用更高标准的加工工艺,才能高质量地恢复零件的尺寸标准和性能指标

再制造在减少环境污染的同时，也会产生一些新的污染物，见表 4.3。因此要对再制造的环境贡献做出综合分析，并对此进行关注。

表 4.3　再制造过程中主要的污染物及其来源(以发动机再制造为例)

工序步骤	手段	主要污染物	来源
回收	运输	—	—
拆解	拆机(物理方法)	废料、废油、废水、废渣	无再制造价值或因损坏严重而无法再利用的零部件；发动机拆解前的初步清洗；废旧机器里的废油、废渣等
清洗	抛丸处理、高温分解、清丸处理、干喷砂、湿喷砂、煤油清洗、超声波清洗、高压清洗、震动研磨、打磨、酸洗、碱洗等	废水、废油、废液、废气；噪声	废旧零部件的清洗用水/用油；喷砂/抛丸产生的粉尘(SO_2、Al_2O_3等)；酸洗/碱洗后的废液；零部件表面打磨产生的锈末及污垢；零部件高温处理后产生的废气(CO_2、SO_2及氮化物等)；各种清洗过程带来的噪声污染等
检测	超声检测、涡流检测、磁记忆检测、渗透检测、量具检测、水检测等	废液、废水；噪声	各种检测过程(如水检测、磁记忆检测等)中产生的废液、废水等
再制造加工	物理加工、电刷镀、电弧喷涂、激光熔覆、等离子弧熔覆、纳米黏接技术、固体润滑、冷焊等	废料、废液、废渣；噪声、燃料燃烧气体、化学污染物、电磁辐射、光电污染	一般物理加工所产生的边角料；刷镀产生的废弃镀液；激光熔覆、等离子弧熔覆及电弧喷涂产生的光电、废料、粉尘/烟雾(金属氧化物等)、废气(CO_2、SO_2及氮化物等)及噪声等

续表 4.3

工序步骤	手段	主要污染物	来源
重新装配	装机(物理方法)	废油(较少)	装配过程中使用的润滑油等
整机检验	试机/试车(台架试验)	废气;噪声	试车过程中产生的废气、噪声等
包装	木箱包装	包装废料	木料及相关捆扎设备的剩余及浪费

借鉴产品生命周期评价的相关研究成果,在收集大量环境评价标准、方法、原则及数据的基础上,明确了再制造周期相关环境影响的概念,定义了再制造周期阶段环境影响评价的界限,分析了再制造周期环境影响类型及特点,采用伤残寿命分析法建立了对人体健康的影响量化分析方法,采用等价分析法建立了对环境资源的影响分析模型,构建了再制造周期环境影响评价指标体系,如图 4.1 所示。

4.1.2 产品环境影响类型

再制造环境友好性设计是指要尽量减少废旧装备再制造加工过程及再制造装备运用过程中所产生的环境影响,增加再制造的环境效益。废旧装备环境影响评估中,可将环境影响因子划分为以下三大类。

1. 对人类自身的影响

对人类自身的影响指的是由于环境变化所引起的各种社会问题及其对人类活动的影响。具体来说主要包括以下几个方面内容:由于待评估废旧装备再制造周期内各阶段所产生的各种排放所导致的相应环境内致癌性或诱发某些疾病的物质浓度上升,进而对处于该环境中的人类的健康所带来的影响;离子辐射,其中包括人们经常提到的核辐射的影响;再制造生产过程中排放的气体而导致臭氧层的损耗,进而对人类的健康所带来的影响;由于再制造所带来的气候的变化对人类所产生的影响。举例来说,再制造生产周期内排放具有温室效应的气体,如二氧化碳等,将带来全球气温的上升,而气温的上升又将使北极的冰川融化,进而带来全球的海水上涨,从而对沿海人口密集的经济发达地区产生严重的威胁,等等。

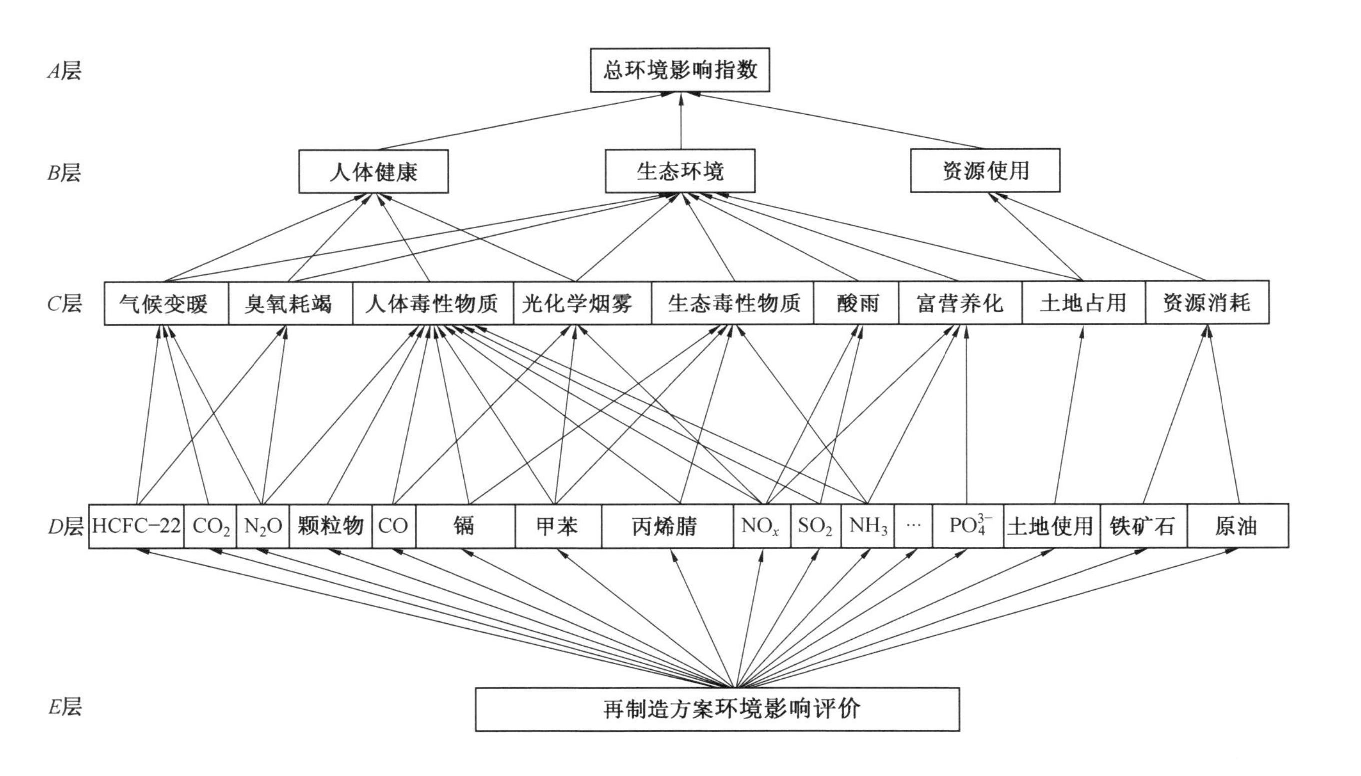

图4.1　再制造周期环境影响评价指标体系

2. 对生物资源的影响

对生物资源的影响主要是考虑对除人类以外的生命物种的影响，其主要通过再制造生产过程对生物物种多样性与物种生存环境的影响来描述。这一部分的内容主要包括以下几个方面：对生物有毒物质的排放，酸雨，富营养化（如现在经常提起的赤潮现象）和土地占用，等等。

3. 对非生物资源的影响

对非生物资源的影响主要是考虑对地球上无生命的物质资源的影响，其中主要考虑地球上的各种物质材料来源的消耗（比如说是高蕴藏量的各种矿区的不断减少，以及低蕴藏量矿区开采提炼难度的加大），以及各种能源的枯竭（如石油、天然气等）。这部分主要以提取同等数量的材料或能源时，所需能源数量的增加来进行描述。

分析这三类环境影响因素可以发现，这些影响中只有一少部分具有全球性，如温室效应、臭氧耗竭，增加了紫外线，特别是紫外线－B 的照射量，造成不耐紫外线的生物死亡，人类皮肤癌和免疫系统疾病增加；更多的影响主要表现为局域性，如酸化作用，发生酸化作用的临界负荷在不同地域是不同的，也就是说其具有很强的地域性；还有如再制造周期的各个过程都或多或少会排出一些有害物质对再制造装备的生产者、操作者以及处于该工作环境的人产生健康影响。而这正是需要强调的环境性能评估过程中的一个重要因素，即环境影响局域性问题。

由上面的环境影响分类可知，装备所产生的废弃物的环境影响可以分为三大类，但对于一种单一的排放物质来说，其所产生的环境影响却往往不局限于一种，它可能会同时带来几个方面的影响。举例来说，SO_2 产生的酸化作用会同时对人体健康和各种生物赖以生存的生态环境造成极大危害。因此，要准确计算所有潜在影响产生的后果是十分困难的。

4.2 再制造环境效益评价方法

4.2.1 产品生命周期环境评价

生命周期环境评价（Life Cycle Assessment，LCA）是一种对产品全生命周期的资源消耗和环境影响进行评价的环境管理工具，是一种运用系统的观点，对产品体系在整个生命周期中的资源消耗、环境影响的数据和信息进行收集、鉴定、量化、分析和评估，并为改善产品的环境性提供全面、准确信息的一种环境性评价工具。国际组织和欧盟、美国等研究机构对生命周期评价定义的表述略有差异，但其共同性在于强调整个生命过程和所有的环境影响。LCA 以“产品”为主线，追踪其原料开采、设计、制造、生产、使用和回收处置，将社会生产的技术、经济、消费心理学和环境联系在一起，涉及的内容是社会、技术和环境 3 大系统的结合交叉部，使人们能充分认识日常生活方式、生产方式与人类生存问题的关系所在。

LCA 在国际上的研究十分活跃，特别是 20 世纪 80 年代以后，随着全球环境问题的日益严重和可持续发展战略的提出，LCA 的研究受到了政府、企业和研究机构等的高度重视。世界各国纷纷把 LCA 作为一种重要的环境管理工具，开展广泛的研究和应用实践。由于 LCA 可量化地评价产品全生命周期各个阶段的资源消耗和环境影响，并能提供相应的改进建议，被认为是支撑绿色设计和产品全生命周期环境管理的核心工具。国际标准化组织（ISO）环境管理委员会（ISO/TC 207）在 ISO 14000 系列环境管理标准中为全生命周期评价预留了 10 个标准号（14040～14049），并制定了一系列关于全生命周期评价的标准。目前已公布的如：

ISO 14040：1997 环境管理－生命周期评价－原则与框架；

ISO 14041：1998 环境管理－生命周期评价－目标与范围定义及存量分析；

ISO 14042：2000 环境管理－生命周期评价－影响评价；

ISO 14049：2000 环境管理－生命周期评价－目标与范围定义和清单分析的应用举例。

生命周期评价的主要 4 个实施阶段为：目标与范围定义、清单分析、影响评价和结果解释。产品生命周期评价是这 4 个阶段不断迭代和改善的过程。ISO 建立的生命周期评价框架如图 4.2 所示。

1. 目标与范围定义

目标与范围定义是 LCA 的首要环节，主要根据研究的应用方向对研究的目标与范围做出精确的定义，建立所研究产品的功能单元，设定 LCA 的边界等。目标定义应明确 LCA 的目的、原因及应用对象。在范围界定时必须明确产品体系的功能、边界、配置、环境影响类型、数据要求等多方面内容。目标与范围定义分为 3 个层次，即观念的、初步的或全面的 LCA。

2. 清单分析

清单分析是对产品体系生命周期各个阶段或过程的输入和输出进行数据收集、量化、分析并列出清单分析表的过程。输入包括能量、原材料、辅助材料等输入；输出是指向空气、土壤、水等的废物排放。清单分析的一般步骤包括过程描述、数据收集、预评价和产生清单等，并涉及如图 4.3 所示的因素。

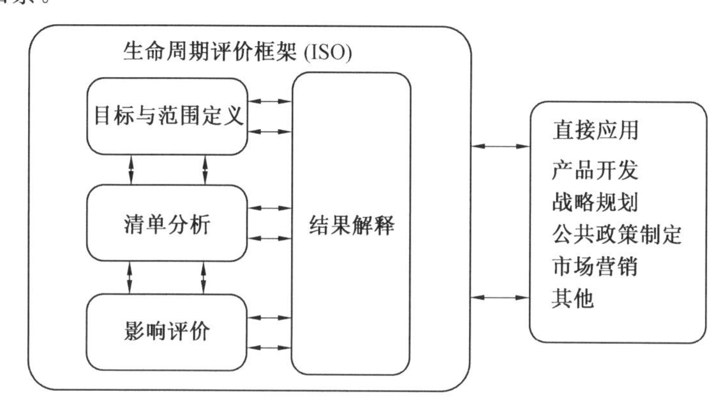

图 4.2 ISO 建立的生命周期评价框架

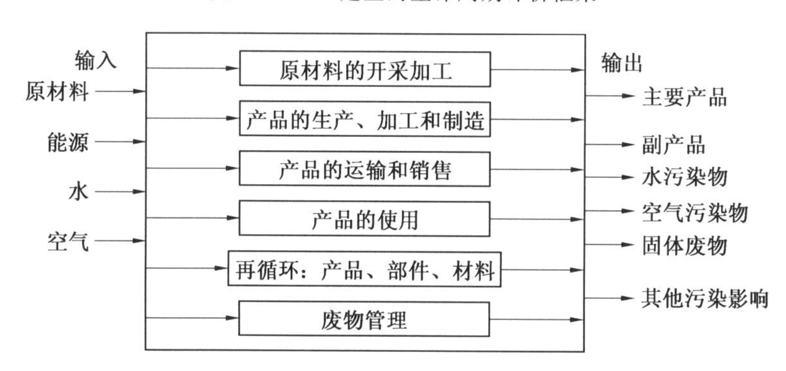

图 4.3 产品生命周期评价的要素

3. 影响评价

影响评价是运用定量和/或定性的方法对清单分析结果潜在的环境影响进行评价和描述的过程。生命周期影响评估通常包括分类、特征化、量化(加权计算)3 个过程。

(1) 分类是将生命周期各个阶段所使用的能源、资源及所排放的污染物，经分类及整理后，可作为影响因子。各类影响因子对环境产生的直接或间接影响见表 4.4。

表 4.4 影响因子及其相关的环境影响

影响因子	初级影响	二次影响	影响因子	初级影响	二次影响
酸性气体排放	酸雨	湖泊酸化	毒性化学物质	毒性效应	健康损害
光化学氧化物	烟雾	健康损坏	固体废弃物	土地占用	栖息地破坏
营养物质	富营养化	沼泽、湿地	化石燃料使用	资源减少	
温室气体	温室效应	海平面上升	噪声	干扰人与生物	
臭氧消耗气体	臭氧层破坏	皮肤癌	施工建设	栖息地破坏	生物多样性变化

(2) 特征化主要是利用量化的方法对不同影响因子造成的影响予以定量评价及综合。其方法是将清单分析所得到的数据,以一般方式找出与“无显著影响浓度”或环境标准间的关系;或使用计算机模型计算各受体点的影响程度。

(3) 量化主要是将不同的影响类别予以权重,计算各自的贡献率。

4. 结果解释

结果解释是综合考虑清单分析和影响评价发现的一个阶段,解释的结果应与所规定的目标和范围保持一致,并得出相应的结论,对局限性做出解释,以及提出建议。可以对产品设计和加工工艺进行改进分析,提出可能的实施方案,或将评析结果以结论和建议的形式向决策者提交 LCA 评估报告。

目前,各国的很多研究机构和公司都从事有关 LCA 方法研究和软件工具的开发,并推出了一些 LCA 商业化软件。

由于 LCA 过程复杂,且经常出现数据缺少等问题,因而也推出了一些简化的生命周期评价方法。

4.2.2 再制造周期环境影响评价指标体系与方法

再制造周期环境影响评价需要从人体健康、生态环境、资源使用等方面对再制造做一个综合评判,因此是一个多指标评估过程。常用的多指标评价方法有层次分析法、综合指数法、模糊综合评判法和灰色聚类法等。再制造周期环境影响评价指标体系是一个递阶层次结构,因此利用层次分析法能够很好地实现。

层次分析法(Analytic Hierarchy Process,AHP)是一种实用的多准则决策方法,这种分析方法把一个复杂问题表示为有序的递阶层次结构,通过人们的判断对决策方案的优劣进行排序。它能将决策中的定性和定量因素进行统一处理，具有简洁和系统等优点，很适合在复杂系统中使用。

再制造周期环境影响评价在针对其指标体系进行评价时，需要从指标体系中的 C 层（气候变暖，臭氧耗竭，……）开始逐层向上合并，直到最终得到一个总环境影响指数（A 层）。整个评价过程就需要利用 AHP 方法来实现指标合并的过程，确定同一层几个小指标相对上一层与之关联的某一指标的权重分配。下面按照 AHP 方法的步骤进行指标逐层合并以及权重分配。

1. 构造递阶层次结构模型

AHP 的递阶层次结构一般包括目标层、指标层、方案层等，再制造周期影响评价指标体系中，目标层为总环境影响指数，B 层到 D 层为指标层，E 层为方案层。

2. 构造相对重要度判断矩阵

建立层次模型后，上下层次之间的元素隶属关系就基本确定。对上一层的某个指标来讲，下一层与之关联的几个指标在向其合并的过程中，应当进行权重的分配。要确定权重，首先要构造相对重要度判断矩阵，以此来确定各因素之间的相对重要程度。AHP 方法是通过因素间的两两对比来描述因素之间的相对重要程度，即每次比较只有两个因素，而衡量相对重要程度的差别是使用 1～9 比率标度法，具体含义见表 4.5。

表 4.5　相对重要度的 1～9 标度

标度	含义
1	同一准则下，因素 B_i 与 B_j 具有同样重要性
3	同一准则下，因素 B_i 比 B_j 稍微重要些
5	同一准则下，因素 B_i 比 B_j 明显更重要
7	同一准则下，因素 B_i 比 B_j 重要得多
9	同一准则下，因素 B_i 比 B_j 绝对重要
2,4,6,8	界于相邻两个判断尺度之间的情况

通过上述两两比较，就得到进一步计算必需的判断矩阵。具体地说，假设 A 层因素 A_k 与下一层即 B 层的因素 B_1，B_2，…，B_n 有联系，判断矩阵见表 4.6。

表 4.6 判断矩阵

A_k	B_1	B_2	B_n
B_1	b_{11}	b_{12}	b_{1n}
B_2	b_{21}	b_{22}	b_{2n}
⋮	⋮	⋮	⋮

评价方法采用上述形式构造了再制造周期评价指标体系的各相对重要度判断矩阵。

(1) B 层相对重要度判断矩阵。

总环境影响指数下层相关指标的相对重要度判断矩阵见表 4.7。

表 4.7 总环境影响指数下层相关指标的相对重要度判断矩阵

总环境影响指数	人体健康	生态环境	资源使用
人体健康	1	3	6
生态环境	1/3	1	4
资源使用	1/6	1/4	1

(2) C 层相对重要度判断矩阵。

人体健康下层相关指标的相对重要度判断矩阵见表 4.8,生态环境下层相关指标的相对重要度判断矩阵见表 4.9,资源使用下层相关指标的相对重要度判断矩阵见表 4.10。

表 4.8 人体健康下层相关指标的相对重要度判断矩阵

人体健康	气候变暖	臭氧耗竭	人体毒性物质	光化学烟雾
气候变暖	1	1/4	1/7	1/4
臭氧耗竭	4	1	1/5	1/2
人体毒性物质	7	5	1	4
光化学烟雾	4	2	1/4	1

表 4.9 生态环境下层相关指标的相对重要度判断矩阵

生态环境	光化学烟雾	气候变暖	臭氧耗竭	生态毒性物质	酸雨	富营养化	土地占用
光化学烟雾	1	7	4	1/3	2	3	2
气候变暖	1/7	1	1/2	1/9	1/6	1/5	1/4

续表 4.9

生态环境	光化学烟雾	气候变暖	臭氧耗竭	生态毒性物质	酸雨	富营养化	土地占用
臭氧耗竭	1/4	2	1	1/5	1/4	1/3	1/2
生态毒性物质	3	9	5	1	2	3	4
酸雨	1/2	6	4	1/2	1	2	3
富营养化	1/3	5	3	1/3	1/2	1	2
土地占用	1/2	4	2	1/4	1/3	1/2	1

表 4.10 资源使用下层相关指标的相对重要度判断矩阵

资源使用	土地占用	资源消耗
土地占用	1	1/5
资源消耗	5	1

3. 确定权重

相对重要性判断矩阵实质上是将关于各因素重要程度差别的信息分散在矩阵的 $n\times n=n^2$ 个元素中。要将这些信息提取出来，以权重的方式给出，AHP 采用的是特征向量法。

首先计算判断矩阵的特征向量，通过求解下面的方程可以得到特征向量 $\boldsymbol{W}$，即

$$\boldsymbol{A}\boldsymbol{W}=\lambda_{\max}\boldsymbol{W} \tag{4.1}$$

式中 $\boldsymbol{A}$——相对重要性判断矩阵；

$\lambda_{\max}$——矩阵 $\boldsymbol{A}$ 的最大特征值。

可以利用下式求特征向量 $\boldsymbol{W}$ 的分量 W_i：

$$W_i=\left(\prod_{j=1}^{n}b_{ij}\right)^{\frac{1}{n}},\quad i=1,2,\cdots,n \tag{4.2}$$

式中 b_{ij}——矩阵 $\boldsymbol{A}$ 中的元素。

然后对特征向量 $\boldsymbol{W}$ 进行归一化，从而得到权重向量 $\boldsymbol{W}^0$。归一化的过程为首先得到

$$W_{\boldsymbol{A}}=\sum_{i=1}^{n}W_i \tag{4.3}$$

然后可以求得权重向量 $\boldsymbol{W}^0$ 的各分量：

$$W_i^0 = \frac{W_i}{W_A} \tag{4.4}$$

利用以上的方法可以分别求得 4 个判断矩阵的权重向量,见表 4.11。

表 4.11　再制造周期评价的权重向量表

判断矩阵	权重向量
总环境影响指数	(0.644 2, 0.270 6, 0.085 2)
人体健康	(0.053 6, 0.138 8, 0.600 1, 0.207 5)
生态环境	(0.209 6, 0.027 0, 0.048 8, 0.338 9, 0.178 2, 0.114 9, 0.082 7)
资源使用	(0.166 7, 0.833 3)

4. 相容性检查

构造相对重要性判断矩阵时,评价者往往不可能精确确定各指标之间的相对重要性,因此判断矩阵通常都具有偏差。虽然并不要求判断矩阵具有一致性,但如果偏差过大时,利用 AHP 方法求得的权重将会出现某些问题。因此需要进行相容性检查,这是保证结论可靠的必要条件。

首先要求出判断矩阵的最大特征值 $\lambda_{\max}$,计算式为

$$\lambda_{\max} = \sum_{i=1}^{n} \frac{(\boldsymbol{AW}^0)_i}{nW_i^0} \tag{4.5}$$

然后计算一致性指标 CI,即

$$CI = \frac{\lambda_{\max} - n}{n - 1} \tag{4.6}$$

式中　n——判断矩阵的阶数。

相对一致性指标为

$$CR = \frac{CI}{RI} \tag{4.7}$$

式中　RI——平均随机一致性指标,是足够多个根据随机发生的判断矩阵计算的一致性指标的平均值。1～10 阶矩阵的 RI 取值见表 4.12。

表 4.12　1～10 阶矩阵的 RI 取值

阶数	1	2	3	4	5	6	7	8	9	10
RI	0.00	0.00	0.58	0.90	1.12	1.24	1.32	1.41	1.45	1.49

一般而言 CR 越小，判断矩阵的一致性越好，通常认为 $CR \leqslant 0.1$ 时，判断矩阵具有满意的一致性。

按照上述步骤，可以对再制造周期环境影响评价指标体系的权重分配进行相容性检查，见表 4.13。从表中可以看出，各 CR 均小于 0.1，也就是说 4 个判断矩阵均具有满意的一致性。

表 4.13 再制造周期环境影响评价指标体系权重分配相容性检查

判断矩阵	λ_{max}	CI	RI	CR
总环境影响指数	3.053 6	0.0268	0.58	0.0462
人体健康	4.157 6	0.0525	0.90	0.0584
生态环境	7.250 5	0.0417	1.32	0.0316
资源使用	2.000 0	0.00	0.00	0.00

4.3 再制造产品服务系统生命周期评价建模

再制造是循环经济“再利用”的高级形式，是实现产品全生命周期管理的发展和延伸。产品服务系统作为提高产品使用效率的一种商业模式创新，将传统单一的销售产品模式延伸为面向生命周期的“产品和服务”组合模式。本节基于再制造和产品服务系统的特征提出了再制造产品服务系统的概念，根据产品生命周期评价框架建立了再制造产品服务系统生命周期评价模型。

4.3.1 再制造产品服务系统的概念

随着可持续发展成为各国共同关心的议题，20 世纪 90 年代中后期，联合国环境规划署提出了产品服务系统(Product Service System, PSS)的概念，其核心思想是企业给客户提供的是产品的功能或结果，客户可以不用购买物质形态的产品。根据产品和服务的价值比例可以将企业已经实践的产品服务系统分为 3 类，分别是产品导向(Product Oriented)的 PSS、使用导向(Use Oriented)的 PSS 和结果导向(Result Oriented)的 PSS。PSS 是面向产品生命周期的产品和服务的组合，能够实现价值的延伸，这是从生命周期的角度阐述了企业通过延长产品生命周期以实现可持续发展的策略。产品服务系统作为一种适应循环经济发展要求的新型商业模型，已经被运用于欧美发达国家的一些工程机械制造企业，同时这些企业也正在通过再制造活动获得收益。因此，再制造与PSS之间关系的研究成为一些学者关注的重点。

Sundin认为功能销售与PSS是一个相同的概念，通过功能销售的方式出售再制造产品能够让企业更好地控制再制造产品生产，同时可以提高产品的设计，如易回收、易拆解、零部件耐磨性等，从而能够实现最优的再制造流程。周文泳等研究认为我国机电产品生产企业开展再制造面临的主要困难包括：①再制造旧件来源不足；②再制造旧件寿命评估与修复技术匮乏；③再制造市场认可度低。通过研究瑞典BT叉车公司的产品服务系统和再制造业务发现，产品服务系统有利于企业开展再制造业务时获得再制造旧件以及包含在旧件服役过程中的信息（如产品的使用时间、频率、维修保养信息等），可以为企业提供可靠的再制造原料来源，同时也为再制造旧件状态评估提供了宝贵信息，降低了再制造风险和不确定性。此外，产品服务系统还有利于再制造产品的销售，与新品质量无差异的功能销售能够打消客户的顾虑，从根本上解决再制造产品营销难题。

本节在已有研究的基础上，结合再制造和产品服务系统的特征，提出了再制造产品服务系统的概念。再制造产品服务系统（Remanufacturing Product Service System，RPSS）指的是企业为客户提供再制造产品和服务组合的一种商业模式，包括旧件回收、废旧产品修复或升级、再制造产品租赁等内容，是一种以再制造产品功能为导向的服务模式。原始设备制造商（Original Equipment Manufacturer，OEM）或者第三方独立再制造商都可以提供再制造产品服务。通过再制造产品服务系统，用户手中的废旧产品经过回收、拆解、清洗、检测、修复或升级改造等一系列过程获得一次新的生命周期，可以为企业和用户带来价值增值，也为社会节约了资源和能源，降低产品全生命周期环境影响。

再制造是对废旧机电产品进行修复或升级改造的一系列技术措施和工程活动的总称。再制造的实物是具体的再制造产品，在汽车零部件、工程机械、机床、大型工业装备、铁路设备、农用机械、国防装备、医疗设备、办公设备行业和领域已经有大量再制造产品在使用或服役。再制造的服务性体现在企业为客户提供旧件回收、废旧产品修复与升级等一系列服务。再制造产品可以为客户提供一种质优价廉的服务，使得客户具有更多的选择，对提高客户满意度、扩大市场规模有重要作用。再制造产品服务系统已经成为众多企业首选的商业模式，为企业实现可持续发展提供重要支撑。

4.3.2 再制造生命周期环境效益评价模型

建立 RPSS 生命周期评价模型是为了定量分析企业实施再制造战略所产生的资源、能源消耗以及产生的环境排放。再制造产品服务系统的生命周期评价模型如图 4.4 所示，RPSS 生命周期评价建模的第一步是分析再制造产品和服务的基本流程。企业通过回收废旧产品，经过拆解、清洗、检测，得到可以再制造的零部件和不可再制造的报废件。可再制造零部件需要经过一系列再制造技术进行修复或性能升级，报废件进行更换处理，企业需要收集分析 RPSS 生产系统中的消耗和排放清单数据。

与传统的产品环境效益分析不同的是，基于 LCA 的 RPSS 消耗与排放统计不仅存在于再制造工厂内部，还包含再制造产品供应链的环境影响调查。尤其是针对 RPSS 消耗的电能、水资源、各种零件和辅材，需要调查这些消耗的环境影响，以及生产这些上游产品所产生的消耗及排放水平，直至追溯到原始资源的开采与排放。因此，RPSS 生命周期评价建模的第二步是调查再制造产品系统的消耗所涉及的上游生产过程的环境影响，调查范围涵盖了从“摇篮到大门”的整个过程。对于消费型再制造品，还应追溯产品出厂之后的生命周期下游各个阶段，包括使用维护、报废处置等过程。RPSS 生命周期评价建模的第三步则涵盖了“大门到坟墓”的整个过程。再制造产品服务系统通过回收消费者手中的废旧产品，可以避免同型产品零部件的生产，降低资源、能源消耗和排放。但是，废旧产品回收、拆解、清洗、检测和修复加工过程同样产生一定的消耗和排放，特别是不可再制造件的报废与换新件生产，仍然会产生一定的消耗和排放，因此需要定量分析和综合评价。

1. 目标与范围定义

ISO 标准和 LCA 方法论可以为再制造产品服务系统 LCA 评价提供指导。LCA 评价的首要工作是确定研究目标与范围，这将决定整个再制造产品服务系统 LCA 评价的模型、最终结果以及研究结果的意义。再制造产品服务系统 LCA 评价的研究目标与范围定义需要确定研究的目标，给出研究的系统边界。除此之外，还包括影响类型、假设条件以及局限性的描述。

目标定义需要回答为什么要做 LCA，包括以下几个问题：

①LCA 评价研究的产品是什么？

②LCA 评价可以回答的问题是什么？

③LCA 评价结果的使用目的如何？

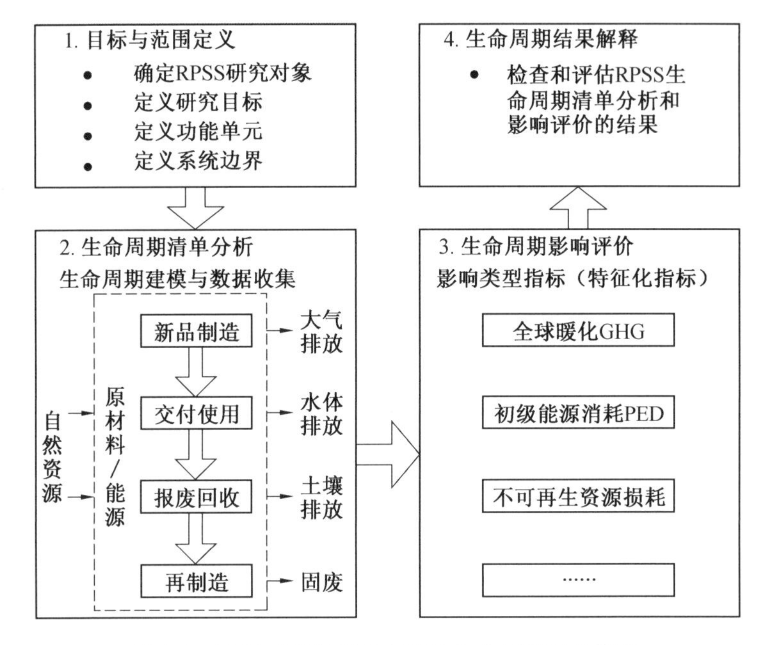

图 4.4　再制造产品服务系统的生命周期评价模型

范围定义主要包括以下内容：

①系统边界的选择，包括 cut-off 规则等。

②确定哪些流程（Process）包含在系统边界之内，哪些流程排除在系统边界之外。

③选择影响类别（Impact Categories）。

④确定功能单元（Functional Unit）和基准流（Reference Flow）。

目标与范围定义关键是根据给定的目标，找出合适的功能单元以及与之对应的基准流，使得构建的模型各个流程之间的输入与输出相互对应，确保 LCA 模型的平衡。

再制造产品服务系统生命周期环境评价研究的主要目标是分析企业开展 RPSS 过程中所产生的资源、能源消耗以及环境排放，可以对比分析传统制造系统产生的消耗与排放，识别两个不同系统生命周期主要环境影响类型，计算环境影响指标，分析 RPSS 的优势与不足以及改进潜力，评价 RPSS 的环境效益。

再制造产品服务系统生命周期环境评价研究对象是原始制造与再制造的机电装备，再制造产品服务系统 LCA 评价可以回答企业实施 RPSS 的环境影响与收益如何。再制造产品服务系统 LCA 的评价结果可以为企业决策者在实施 PSS 的过程中提供参考，同时也可以为政府衡量企业实施绿色发展的潜力提供依据，为消费者选择绿色产品提供参考。

一般而言，再制造产品服务系统是新品制造系统的拓展和延伸。新品制造系统 LCA 评价的系统边界主要包含原材料开采与加工、原材料运输、零部件加工、产品制造、使用维护以及报废处置等流程。而再制造产品服务系统的生命周期环境评价的系统边界包含再制造旧件的回收、拆解、清洗和检测，对于附加值高、可以再制造的零部件进行加工修复，更换易损件和报废件，重新装配、测试、包装、销售给用户一直到最终报废处置。一些耐用机械装备可以进行多次回收再制造，有些产品实践中再制造一次之后做报废处置。

再制造产品服务系统 LCA 评价的功能单位可以定义为达到新品质量标准的单位再制造产品及其设定的使用寿命，与之对应的基准流可以定义为向客户提供一定数量的再制造产品及服务所造成的消耗与排放的物质流。

2. 生命周期清单分析

根据再制造产品服务系统生命周期评价目标与范围定义确定的研究边界，调查系统边界内各个流程的生命周期清单数据。清单数据一部分发生在再制造产品服务系统内部，如回收运输量、加工消耗量、更新件数量，这些流程的清单数据称为实景过程数据。再制造产品服务系统各个流程还包含多种消耗与排放，例如回收运输所消耗的燃料，加工所消耗的电力和辅材，生产新零部件所消耗的各种金属，这些资源、能源生产的流程存在于再制造工厂之外，可以称为背景过程。因此，通过构建一种包含再制造产品服务系统背景过程和实景过程的清单分析模型，能够将再制造产品服务系统研究边界范围内所有资源投入与环境排放累加，最终得到生命周期清单结果。

通过调查再制造产品服务系统研究边界内部各个实景过程与背景过程，分别收集每个过程的资源消耗，加工一个再制造零部件需要消耗 10 kW·h 电能(实景过程)，而生产 10 kW·h 电能需要消耗 5.84 kg 煤、0.034 8 kg 原油、0.052 kg 天然气，并产生 0.002 05 kg CO、9.09 kg CO_2、0.031 7 kg SO_2(背景过程)。根据选定的基准流(如加工 10 个再制造零部件)，得到实景过程与背景过程消耗的过程系数 r($r=10$)与单位过程的消耗和排放乘积就是各个过程的数据集，数据集累加之和为清单数据的结果。

再制造产品服务系统生命周期评价实景过程的清单数据主要来源于再制造企业调查和文献调查，包括调查再制造生产线上的加工时间、加工设备、物质和能源消耗量以及环境排放量。对于采购的原料、更换零部件的清单数据，则需要向供应链上游调查资源消耗与排放数据，对于再制造企业内部以及上游供应链系统消耗的基础能源、资源生产清单数据（背景过程），则可以引用 LCA 评价的基础数据库。国外已经开发成熟的 LCA 评价基础数据库有欧盟生命周期基础数据库（European Reference Life Cycle Database，ELCD）、瑞士 Ecoinvent 数据库等。我国亿科环境科技公司开发了目前国内唯一公开发布的本土 LCA 基础数据库——中国生命周期基础数据库（Chinese Reference Life Cycle Database，CLCD），含中国 600 多种大宗能源、原材料、运输的生命周期数据，数据代表了中国生产技术及市场平均水平。

再制造产品服务系统生命周期评价清单数据质量代表的是调查的再制造清单数据与目标期望数据的差异，这些差异包括原料消耗种类与规格、工艺设备、地理位置、时间等内容，所收集到的数据与真实数据差异越小，则表示数据质量越高。因此，通过实际调查取得的再制造企业生产数据以及供应链企业生产数据的目标代表性好，引用基础数据库的清单数据在时间、地理位置、生产工艺方面存在很大的差异，数据实际代表性较差，数据质量不高。因此，为了选择最符合目标代表性的数据，最有效的方式就是多采用实际调查数据（实景数据），但是工作量十分巨大，且需要供应链企业的配合，在无法调查再制造供应链企业清单数据的情况下，LCA 评价基础数据库为开展研究工作提供了一种选择。

3. 生命周期环境影响评价

生命周期环境影响评价（LCIA）是将再制造产品服务系统数据清单分析结果转化为定量的环境影响类型来表示 RPSS 对环境的影响程度。根据 ISO 14042 评价标准，环境影响评价包括清单数据分类与特征化、数据标准化和加权分析等工作。

（1）清单数据分类与特征化。

再制造产品服务系统各个过程在运行过程中产生的消耗与排放包含多种类型，如再制造旧件回收过程一般使用卡车运输，主要消耗的燃料是汽油或者柴油，产生尾气排放；再制造零部件清洗过程消耗工业用水、电能，产生污水排放；再制造加工修复过程主要消耗金属辅材、电能等，也会产生相应的污染物排放。从环境影响物质来看，最终消耗的都是基础能源、资源，如石油、天然气、煤、各种矿石资源，产生的排放包括 CO、CO_2、SO_2、氮氧化物、氨氮等物质。这些环境影响物质最终又会导致资源枯竭、全球变暖、酸化、水体富营养化、臭氧层破坏、光化学烟雾等环境问题。环境影响评价模型中的首要工作是将再制造产品服务系统生命周期清单分析的结果(产生的消耗与排放物质)划归到不同的影响类型(目标与范围定义中需要分析的影响类型)。

相比于新品制造过程,研究者普遍认为再制造过程能够节约能源60%,节约材料70%,减少环境排放80%左右,但是目前缺乏从生命周期评价的角度量化评估再制造产品服务系统的环境收益。因此,我们主要从节能、节材和环境排放角度,选取中国资源消耗(CADP)、初级能源消耗(PED)、全球变暖潜力(GWP)、酸化(AP)、富营养化(EP)5个环境影响类型来量化评估再制造产品服务系统的环境效益。其中,CADP主要包含钢铁;PED主要由原油、天然气、煤等物质决定;GWP主要由温室气体CO_2、氮氧化物等决定;AP由SO_2、氮氧化物等决定;EP由化学需氧量(Chemical Oxygen Demand,COD)、氨氮等决定。

清单数据特征化是在环境影响分类的基础上计算多种物质对某一类环境影响的潜值,常用的方法是当量因子法。由于一种环境排放物质往往会产生不止一种环境影响,如氮氧化物不仅会导致全球变暖,而且会产生酸化效应和富营养化效应。而一种环境影响类型又是由多种环境排放物质共同产生的,如CO、CO_2、CH_4、氯氟烃等都会影响全球变暖。因此,需要根据不同环境负荷对某种环境影响的相对贡献大小进行计量和累加。表4.14以CO_2当量为基准,给出了不同排放物全球变暖潜值清单物质及其特征化因子值。

表4.14 不同排放物全球变暖潜值清单物质及其特征化因子值

环境影响类型	清单物质	特征化因子值	基准单位
全球变暖潜力	CO	2	CO_2当量
	CO_2	1	
	CH_4	25	
	NO_2	320	
	CF_4	6 300	

(2)数据标准化。

数据标准化为了让不同量纲或量级的清单物质指标或者特征化指标具有可比性,采用标准化方法消除数据来源、量级、量纲带来的偏差。例如,再制造1台废旧发动机消耗500 kg标准煤,生命周期SO_2排放为0.2 kg,尽管这两种资源环境影响的数值相差2 500倍,但是由于数据来源不同，无法区分哪种是主要的环境影响类型。通常采用全国消耗与排放总量做出标准化的基准值进行处理，假设全国的能耗是 50 亿 t 标准煤，全国 SO_2 排放是 2 000 万 t，再制造 1 台废旧发动机的能耗标准化之后的量级为 10^{-10} 量级，SO_2 排放是 10^{-11} 量级，由此可以对二者相对环境影响进行比较和分析。

(3)加权分析。

加权分析是对多个环境影响指标进一步合成，可以得到更加明确的生命周期评价结果。最常用的合成方法是用权重因子衡量不同指标的相对环境影响或损害的大小，得出综合评价值。

$$S = \sum w_i \cdot N_i \tag{4.8}$$

式中　S ——加权后的生命周期环境影响综合评价值；

N_i ——第 i 种环境影响指标；

w_i ——第 i 种环境影响指标的权重因子。

权重因子一般采用调查法获得，通过专家调查，或调查普通受访者的环境损害支付意愿进行分析，是一种主观判断权重的分析方法。

4. 生命周期结果解释

生命周期结果解释主要是检查和评估 RPSS 生命周期清单分析和影响评价的结果，包括重大环境影响的识别，在完整性、敏感性和一致性分析基础上对生命周期影响结果的评价，最后结论的解释和建议的提出等内容。

第5章 再制造生命周期社会性评价

再制造生命周期社会性评价是对生命周期环境影响评价和分析的补充，有助于对再制造产品和服务进行全面的可持续发展评估，为产品的利益相关者提供一个有力的分析工具。本章主要介绍产品生命周期社会性评价的概念，以及再制造生命周期社会性评价的要素与指数。

5.1 产品生命周期社会性评价概述

5.1.1 产品生命周期经济、环境性评价的作用与不足

产品生命周期经济、环境性评价可以对产品或服务的整个生命周期及其各个阶段的成本、资源和能源消耗、环境排放进行全面的分析，是一种全面的、系统的评价方法，在多个领域和行业得到了广泛的研究和应用。生命周期经济和环境性评价具有全过程评价、系统性强、涉及面广的特点。

但是，生命周期经济、环境性评价方法也存在一定的局限性，这两种方法强调分析产品或服务在全生命周期内的成本、消耗与排放的表现，而产品对人类社会的影响没有涉及。对于一个产品或一项服务进行生命周期评价，可以采取不同的措施来提高环境效率或者提升其经济可行性，而实施这些举措或活动也会对社会造成不同类型的影响，从而影响这些活动的实施，进行影响产品或服务的生命周期评价。因此，社会性因素可能最终会成为重要的，甚至是决定性的因素。

5.1.2 产品生命周期社会性评价的提出

2009年，国际标准化组织(International Organization for Standardization)发布了产品生命周期社会性评价的导则(以下称为导则)，该导则是由联合国环境规划署和国际环境毒理与环境化学学会共同制定的，为评价产品生命周期社会性影响因素提供了一个框架。

所谓产品或服务的社会性评价，就是从社会领域的角度去考察产品或服务，分析产品或服务对人们的生活方式、行为方式、价值观念、伦理道德和社会秩序等方面的影响，其核心是坚持以人为本，就是要把人的发展看

作产品或服务的核心和最高价值目标，把满足人的需要、提升人的素质、维护和保障人的切身利益、提高人的生活质量作为衡量产品或服务的根本价值标准。

产品或服务生命周期社会性评价的定义为：生命周期社会性评价是一种用于评估与产品有关的社会性因素及其潜在影响的技术，主要考察其生命周期的各活动单元对人的潜在社会影响。主要工作就是收集和计算产品系统在其生命周期中的潜在的社会性影响方面的输入和输出。

5.1.3　产品生命周期社会性评价框架

1. 目标与范围定义

产品生命周期社会性评价的第一步工作是要清楚说明开展此次评价工作的目标，即目标定义。目标定义是要描述清楚评价工作的潜在应用以及所追求的目标。第二步工作是要描述清楚此次评价工作的研究范围，即范围定义。在范围定义中，需要给出产品的基本功能和功能单元定义，描述清楚在后续的产品建模过程中涉及哪些产品生产过程或输入输出数据。目标与范围定义阶段需要做的工作总结如下：

①明确研究对象和目标（包括研究目标、产品功能、产品效用、功能单元等）。

②确定要使用的活动变量和包含的单元流程。

③规划数据收集，并指定将收集哪些数据，以及哪些影响类别和子类别。

④确定与每个过程相关的利益相关者以及所需的关键评审类型。

产品生命周期社会性评价的第一步旨在描述研究目标，包括回答为什么要进行生命周期社会性评价，预期用途有哪些，研究成果供哪些人使用。因此，目标的定义必须明确，以确保研究实现预期结果。生命周期社会性评价预期的应用包括：识别社会“热点”问题、通过产品开发和替代的供应链减少潜在的负面影响和风险、建立规范的采购程序、制定战略规划和公共政策。

2. 数据清单收集

数据清单收集是产品生命周期社会性评价的第二个阶段，这个阶段的主要工作为数据收集、系统建模以及生命周期清单数据计算。根据第一项研究的目标与范围定义，可以对 S－LCA 数据清单收集阶段的工作进行规划，主要工作包括以下几项：

①数据收集分类（用于排序和筛选、使用通用数据、热点评估）。

②数据采集准备(制定表格、问卷等)。

③数据收集。

④收集影响评估所需数据(影响评估特征化、标准化数据等)。

⑤验证收集到的数据。

⑥将(主要)数据与功能单元和单元过程相关联。

⑦细化系统边界。

⑧数据整合。

3. 生命周期影响评价

生命周期影响评价是再制造产品 S－LCA 的第三个步骤,其基本工作主要参照 ISO 14044(2006)生命周期评价的通用导则,并根据 S－LCA 的特定目标在必要时做出一些调整。目前,社会影响评价方法仍然在研究中。生命周期影响评价主要工作包括:

①选择社会影响类别、特征化方法和模型。

②将清单数据与特定的生命周期社会影响类别和子类别关联。

③确定和(或)计算社会影响子类别指标值。

4. 生命周期结果解释

生命周期结果解释是最后一个阶段,是根据评价结果得出结论的过程。本阶段有几个主要工作:分析研究结果,得出结论,说明研究的局限性以及提出建议并撰写报告。ISO 14044(2006)定义了以下几个主要步骤:

①确定重大问题。

②评估研究过程(包括研究的完整性和一致性等)。

③结论、建议和撰写报告。

此外还包括与利益相关者的接触程度等内容。

5.2 再制造生命周期社会性评价要素

社会通过生产活动建立人类的联系与集合,而国家对人类的社会活动发挥组织和监控作用。因而,社会性评价主要考察人类的生产活动和社会组织与监控作用。针对再制造生产的特点,从生产活动和社会组织与监控两方面筛选出有显著影响的评价要素。

1. 生产活动领域的评价要素

人类的生产活动必须由生产岗位上的人,在一定的劳动环境下,通过一定的生产组织形式来完成,并最终完成劳动收入分配,从而形成一个生产周期。由此形成组织生产活动过程的 4 个要素,即劳动岗位、劳动环境、生产组织以及劳动收入。

(1)对增加劳动岗位的贡献。

随着我国经济发展进入新常态,经济从高速增长转向中高速增长,经济发展方式从规模速度型粗放增长转向质量效率型集约增长;随着全球总需求不振,融资困难,资金链紧张,我国低成本比较优势发生变化,就业压力增加。因此,再制造产品对劳动岗位增加的贡献成为备受关注的重要因素。

再制造由于其显著的经济、环境和社会效益,得到了世界各国的重视。再制造在欧美发达国家已形成巨大的产业,2012 年,美国国际贸易委员会发布了《再制造商品:美国和全球工业,市场和贸易概述》研究报告,2009—2011 年间,美国再制造产值以 15%的速度增长,2011 年达到 430 亿美元,提供了 18 万个工作岗位。据欧洲再制造联盟(European Remanufacturing Network, ERN)统计,截至 2015 年底欧洲再制造涵盖航空航天、汽车、电子电器、机械及医疗设备等行业,再制造产值约 300 亿欧元,预计到 2030 年将达到 1 000 亿欧元,提供 45 万～60 万个就业岗位,再制造成为欧盟未来制造业发展的重要组成部分。

(2)劳动环境文明程度。

劳动者的体力劳动繁重程度、生理承受力、心理承受力、劳动保护和安全性是反映社会生产文明与进步的重要标志。现代化生产的重要标志,就是使劳动者不断摆脱繁重的体力劳动和艰苦的劳动环境,降低对劳动者的体力要求,不断提升智力要求,使劳动者处于现代文明的环境中工作。目前我国再制造生产基本实现了半自动化、自动化操作,劳动文明程度较高,但部分再制造产品的生产仍需要耗费一定的劳力。

(3)生产组织管理的科学性。

劳动力的文化素质和受培训程度是推行现代化组织管理的关键要素。劳动力素质低下直接影响了产业结构的优化和经济增长方式的转变,以及产品的推广。劳动力的文化素质和受培训程度是推行现代化组织管理的关键要素。信息化在生产组织管理中的强化,使脑力劳动在生产中的比例不断提升,使人类在生产活动中的相互配合不断从体力劳动配合上升为智力劳动配合。建立在高素质成员、高科技、高信息化程度基础上的生产模式,最终将促进新的生产关系演变,导致深刻的社会发展与变革。再制造对从业人员素质要求较高,工程技术人员需具有较强的专业技术能力,需进行专门的培训,生产管理者需具备较高的管理水平。

(4)对劳动收入提高的贡献。

人类从事有组织的生产活动,目的是为了获取劳动报酬、谋求自身的生存与发展。劳动收入的公平合理是社会稳定的重要因素,国民收入的增加是社会发展的重要标志,这种增长可以通过资本与劳动投入获得,同时可以通过技术投入生产。一切使国民收入增加的产品显然都具有良好的社会效益。再制造产业属于国家战略性新兴产业,具有较高的技术性,从业人员多为专业的科研、技术人员,文化层次较高,劳动收入也相对较高。

2. 生产活动领域的评价要素

国家制定一系列政策、法律和法规,对社会予以监控,并通过宏观调控以保持社会的平衡发展,任何技术的存在与发展都离不开国家需求的推动、国家行政的控制和影响,任何产业的发展都必须与国家行为协调一致。按照这种协调一致的观点,确定以下评价要素。

(1)与国家政策、法规的一致性。

国家意志主要通过制定政策、法规来贯彻,任何产业的发展都必须在国家政策、法规规定的范围内发展。我国再制造产业的持续稳定发展,离不开国家政策的支撑与法律法规的有效规范。我国再制造政策法规经历了一个从无到有、不断完善的过程。从 2005 年国务院颁发的《国务院关于做好建设节约型社会近期重点工作的通知》(国发〔2005〕21 号)和《国务院关于加快发展循环经济的若干意见》(国发〔2005〕22 号)文件中首次提出支持废旧机电产品再制造,到 2017 年 11 月工业和信息化部发布《高端智能再制造行动计划(2018—2020 年)》(工信部节〔2017〕265 号),国家层面上制定了近 60 项再制造方面的法律法规,其中国家再制造专项政策法规 20 余项。

(2)与国家发展需求的一致性。

凡符合国家产业需求的产业都具有很好的社会性。再制造是循环经济"再利用"的高级形式,是绿色制造的重要环节,是绿色制造全生命周期管理的发展和延伸,是实现资源高效循环利用的重要途径。再制造产业符合"科技含量高、经济效益好、资源消耗低、环境污染少"的新型工业化特征,发展再制造有利于形成新的经济增长点,将成为"中国制造"转型升级的重要突破。

5.3　再制造生命周期社会性评价指数

1. 生产活动评价指数 S_1

(1)劳动岗位增加贡献指数 S_{11} 。

对再制造产业所能提供的劳动岗位数进行统计,以此作为该产业从业人员数 J。根据 J 由下式确定该项目的 S_{11} 。评价依据如下:

$$S_{11}=\begin{cases}1, & J>J_0 \\ \dfrac{0.4}{J_0-J_1}(J-J_0)+1, & J_1<J\leqslant J_0 \\ \dfrac{0.6}{J_0-J_2}-(J-J_2), & J_2<J\leqslant J_1 \\ 0, & 0<J\leqslant J_2\end{cases} \tag{5.1}$$

①如果 J 达到或超过评价地区优势行业的平均从业人数 J_0 ,则 $S_{11}=1.0$。

②如果 J 与所处行业的平均从业人数 J_1 持平,则 $S_{11}=0.6$。

③如果 J 等于或低于较差行业所能提供的平均从业人数 J_{12} ,则 $S_{11}=0$ 。

(2)劳动环境文明程度指数 S_{12} 。

反映劳动文明程度的最鲜明指标是一项劳动过程中脑力劳动量占总体劳动量的比重 L,表达式为

$$L=\frac{\text{脑力劳动}}{\text{脑力劳动}+\text{体力劳动}} \tag{5.2}$$

脑力劳动与体力劳动在工作时间上可能是相同的,如汽车驾驶,驾驶属于脑力劳动为主,体力劳动为辅,两者的时间是相同的,但对工作的贡献不同。劳动过程中的脑力劳动比重见表5.1。

表5.1　劳动过程中的脑力劳动比重

劳动类型	脑力劳动比重 L/%
直接手工劳动	10
大型机械设备操作	30
职业技工	60
数控设备操作	80
管理层工作	90
科研、设计	100

按表5.1统计出项目各劳动岗位的 L_i 值，然后按下式计算项目的 S_{12} 。

$$S_{12}=\frac{\sum_{i=1}^{k} n_i \times L_i}{\sum_{i=1}^{k} n_i} \tag{5.3}$$

式中　n_i ——每个劳动岗位的人数；

L_i ——每个劳动岗位的脑力劳动比重值；

k——整个项目的劳动岗位种类数。

(3)生产组织管理科学性指数 S_{13} 。

生产组织管理的科学性、严密性是一项综合性社会评价指标，其最鲜明的表征是从事这一项目人员的文化程度和培训级别。以人员文化层次与培训要求为评价依据，设计的人员素质指数见表5.2。

表5.2　人员素质指数

分类	素质指数 Q
无文化要求	0.5
小学文化，一般操作培训	0.6
初中文化，初等职业培训	0.7
高中或技校文化，专业培训	0.8
高等专科文化，具备良好专业基础与技能	0.9
大学本科以上文化，具备较高的理论基础与系统专业知识	1.0

由各劳动岗位人数 n_i 与各人员素质指数 Q_i ，按下式计算项目的 S_{13} 。

$$S_{13}=\frac{\sum_{i=1}^{k} n_i \times Q_i}{\sum_{i=1}^{k} n_i} \tag{5.4}$$

式中　n_i ——每个劳动岗位的人数；

Q_i—— 参与人员的素质指数；

k ——整个项目的劳动岗位种类数。

(4)劳动收入提高贡献指数 S_{14} 。

根据被评定的各个劳动岗位劳动者人均收入 I，按下式计算 S_{14} 值。评价依据如下：

$$S_{14}=\begin{cases}1.0, & I \geqslant I_0 \\ \dfrac{0.4}{I_0-I_1}(I-I_0)+1, & I_1<I \leqslant I_0 \\ \dfrac{0.6}{I_0-I_2}-(I-I_2), & I_2<I \leqslant I_1 \\ 0, & 0<I \leqslant I_2\end{cases} \tag{5.5}$$

①如果人均收入 I 达到本地区的人均收入 I，则 $S_{14}=0.6$；

②如果人均收入 I 达到或超过本地区行业中的最高人均收入 $I=I_0$，则 $S_{14}=1.0$；

③如果人均收入 I 低于本地区行业中的最低人均收入 $I=I_0$，则 $S_{14}=0$。

2. 社会组织与监控评价指数 S_2

(1)国家政策、法规一致性指数 S_{21}。

一个产业的发展必须符合该国的国家体制、政策、法规。凡不符合国家政策法规，或与政治制度抵触的项目都将被一票否决。该类产业若经改进预期可以达到国家政策、法规要求，则可回到研究阶段继续研究。

检查项目与国家政策、法规的一致性，如果被评项目符合国家政策法规要求，$S_{21}=1$，不符合则 $S_{21}=0$。此项评价指标值非 0 即 1。

(2)国家需求一致性指数 S_{22}。

按国家需求发展的需求程度，制定指数 S_{22} 的评定，见表 5.3。

表 5.3 国家需求一致性指数

国家需求程度	S_{22}	举例
地方经济与社会发展规划需求	0.7	省、市规划
国家经济与社会发展规划需求	0.8	国家发展规划，中、长期发展规划
国家重大发展战略需求	0.9	可持续发展战略，循环经济战略
国家安全需求	1	国防、能源安全

3. 社会性评价指数公式

综合考察生产活动评价指数 S_1 和社会组织与监控的评价指标 S_2 的效用，并进行权重设计，定义出再制造产业的社会性评价指数(Social Assessment Indicator，SAI)公式：

$$SAI=W_1S_1+W_2S_2=W_1\left(\sum_{j=1}^{4}W_{1j}S_{1j}\right)+W_2(W_{21}S_{21}+W_{22}S_{22}) \tag{5.6}$$

其中 $$W_1 + W_2 = 1,\ \sum_{j=1}^{4} W_{1j} = 1,\ W_{21} + W_{22} = 1$$

式中 S_1 ——生产活动评价指数；

S_2 ——社会组织与监控评价指数；

S_{1j} ——生产活动评价指数中包含的各项指数；

S_{21} 、S_{22} ——社会组织与监控评价指数中包含的两项指数；

W_1 ，W_2 ，W_{1j} ，W_{21} ，W_{22} ——对应评价指数的权重。

第 6 章　再制造产品评价指标体系

再制造产品评价指标体系包括技术先进性指标、质量可靠性指标、产品安全性指标、经济可行性指标和环境友好性指标。评价指标包括定性评价指标和定量评价指标。定量评价指标应给出基准值、权重和计算方法。评价指标应具有可操作性,统计计量方便,便于评价。

6.1　评价指标体系

6.1.1　定性评价指标

再制造产品定性评价指标包括再制造过程评价指标、再制造产品性能指标和再制造管理指标。再制造产品定性评价指标及要求见表 6.1。表 6.1 中各项指标为再制造产品的符合性指标,可适当增加定性评价指标。再制造过程评价指标包括技术文件制定、再制造毛坯收集、初步检查、拆解、清洗、检测与分类、零部件再制造、再制造装配等方面的指标。再制造产品性能指标主要包括质量可靠性和产品安全性等方面的指标。再制造管理指标主要包括技术先进性、环境、保修期以及商标等方面的要求。

表 6.1　再制造产品定性评价指标及要求

评价内容	评价指标	指标要求
再制造过程评价指标	技术文件制定	应收集和制定再制造过程和产品的技术规范,确定再制造产品执行的标准,确保和证明再制造产品不低于原型新品的性能
	再制造毛坯收集	再制造过程应首先确定产品的再制造毛坯收集来源
	初步检查	在获取再制造毛坯后,应根据规定的验收标准进行初步检查,以确定其是否适用于再制造,验收标准可包括经济因素和实际条件

续表 6.1

评价内容	评价指标	指标要求
再制造过程评价指标	初步检查	检查应借助几何测量及性能测定的方式进行，测试和检查之前可进行一些必要的清理工作，清理工作应在检查之前进行，以确保挑选的零件合格
		检查不合格的再制造毛坯应进行回收利用
	拆解	再制造毛坯应被拆解成相应零部件，拆解程度应随着产品和过程的不同而不同
	清洗	应对拆解后的零部件进行清洗，包括灰尘、油脂、油渍、锈蚀以及沉积物等。根据零部件的用途、材料等不同，清洗方法不同，可包括：化学清洗、机械清洗、高温清洗、超声波清洗、震动研磨、整体喷砂、干式喷砂等
	检测与分类	对清洗后的零部件进行检测，包括几何参数、力学性能检测和潜在的缺陷评价，对零部件的质量和性能水平进行辨识，评估剩余寿命
		根据检测结果确定零部件的技术状况，并将零部件分为可直接使用件、可再制造件和弃用件3类
	零部件再制造	应采用先进适用的再制造成形与加工技术对可再制造的零部件进行修复，以确保其达到新品性能标准的要求 注：再制造成形与加工技术包括超声速火焰喷涂技术、纳米复合电刷镀技术、铁基合金镀铁再制造技术、激光熔覆成形技术、等离子熔覆成形技术、堆焊熔覆成形技术、高速电弧喷涂技术、高效能超声速等离子喷涂技术、金属表面强化减摩自修复技术、类激光高能脉冲精密冷补技术、金属零部件表面黏涂修复技术、再制造零部件表面喷丸强化技术等

续表 6.1

评价内容	评价指标	指标要求
再制造过程评价指标	零部件再制造	修复后的零部件应重新进行检测，必要时，可进行功能性测试和潜在缺陷评估/测试，以确保其符合质量性能要求。功能性测试可包括在正常状态下，修复后的零部件与更大的组装件组合后进行运行操作，并将其与新产品的相关部分进行比较 注：潜在缺陷评估/测试是指对再制造工艺可能引发的潜在产品质量缺陷的评估/测试
	再制造装配	应将合格的零部件进行组装，组装过程中可使用必要的更新件
再制造产品性能指标	质量可靠性	再制造产品应按照原型新品标准或者相适用的高于原型新品的标准进行装配、检测和形式试验
		再制造产品应附有证明其性能不低于原型新品的保证书及出厂合格证书
		再制造产品使用信息应包括使用说明书、三包凭证、操作标记和产品标牌，使用说明书内容应全面、准确，且通俗易懂，便于使用者掌握
		在产品说明书或包装物明显位置上明示其为再制造产品
	产品安全性	应确保再制造产品的机械和电气安全
		应在再制造产品明显位置标注安全警示标识、安全操作装置的提示以及其他必要的安全提示和要求等

续表 6.1

评价内容	评价指标	指标要求
再制造管理指标	技术先进性管理	零部件的再制造应采用先进适用、成熟可靠的再制造技术及装备，再制造核心生产工艺应独立运行管理，实现产业化生产
		应配备检测设备和仪器，且先进可靠
	环境管理	拆解、清洗、加工及装配、废料处理等再制造过程中应采取措施，避免造成二次污染
	其他管理	再制造产品的保修期应与同类新品相同
		再制造企业应采用自有商标或授权商标

6.1.2 定量评价指标

再制造产品定量评价指标包括环境友好性指标、经济可行性指标和质量可靠性指标等。再制造产品定量评价指标见表 6.2。依据不同再制造产品的特点，选择不同的定量评价指标。

表 6.2 再制造产品定量评价指标

一级指标	二级指标	单位
环境友好性指标	再制造率(质量计)	%
	节能量	吨标准煤(tce)
	节水量	吨(t)
	节材量	吨(t)
	再制造毛坯回收利用率	%
	单位产品取水量	吨/产品单位(t/产品单位)
	单位产品废气排放量	吨/产品单位(t/产品单位)
	单位产品废水排放量	吨/产品单位(t/产品单位)
	单位产品废渣排放量	吨/产品单位(t/产品单位)
	单位产品综合能耗	吨标准煤/产品单位(tce/产品单位)

续表 6.2

一级指标	二级指标	单位
经济可行性指标	再制造产品产值	万元
	再制造产品销售净利率	%
	再制造产品投资回报率	%
	再制造企业固定资产产值率	%
质量可靠性指标	再制造产品合格率	%
	首次无故障时间	小时(h)

6.2 评价方法和程序

6.2.1 评价所需要的文件资料

再制造产品评价应收集的产品信息和文件资料可包括但不限于：

①产品规格。

②产品执行的标准或产品制造验收技术条件。

③产品使用说明书。

④再制造工艺流程图及说明。

⑤再制造设备配置情况说明。

⑥再制造过程记录。

⑦资源能源消耗计量统计或测算数据及记录文件。

⑧污染物排放计量统计或测算数据及记录文件。

⑨再制造产品检测、测试数据及记录文件。

⑩其他必要文件资料。

6.2.2 评价方法

可根据企业提供的文件资料以及现场查验，确定各指标是否符合要求。应根据再制造产品特点，以鼓励再制造产品生产和推广为目的，在广泛征询行业专家、生产厂商意见的基础上，科学、合理选取定量评价指标基准值，并随着工艺、技术、产品的发展及时修订基准值。应依据权重确定方法，合理确定定量评价指标权重，并说明权重确定的依据。定量评价指标满分为100分。

6.2.3 评价程序

建立专家评审组,负责开展再制造产品的评价工作。再制造产品按产品类别进行评价。根据不同产品类别,确定再制造产品的定性评价指标和定量评价指标。查看报告文件、统计报表、原始记录,根据实际情况,开展与相关人员的座谈、实地调查和抽样检测等工作,确保数据完整和准确;根据产品数据,确定产品是否满足定性评价指标要求,同时计算定量评价指标综合得分。对产品是否满足定性评价指标和定量评价指标要求进行综合评审。如果产品满足定性评价指标要求,且定量评价指标综合得分高于合格分值线,可认定其为再制造产品。对于通过认定的再制造产品,可按照 GB/T 27611 的要求标注再制造产品标识。

6.3 再制造产品定量评价指标计算方法

1. 再制造率(质量计)

再制造率(质量计)按下式计算:

$$\rho_q = \frac{w_h}{W_t} \times 100\% \tag{6.1}$$

式中 ρ_q ——再制造率(质量计),%;

w_h ——在统计报告期内,合格再制造零部件总质量,t;

W_t ——在统计报告期内,再制造产品总质量,t。

2. 节能量

节能量按下式计算:

$$\Delta E_c = (e_y - e_z)N \tag{6.2}$$

式中 ΔE_c ——再制造产品节能量,tce;

e_z ——统计报告期内,单位再制造产品综合能耗,tce/产品单位;

e_y ——统计报告期内,同类新品的综合能耗,tce/产品单位;

N ——统计报告期内,产出的再制造产品的合格品数量,单位为产品单位。

注:参考《用能单位节能量计算方法》(GB/T 13234—2018)。

3. 节水量

节水量按下式计算:

$$\Delta V_c = (v_y - v_z)N \tag{6.3}$$

式中 ΔV_c ——再制造产品节水量,t;

v_z ——统计报告期内,单位再制造产品取水量,t/产品单位;

v_y ——统计报告期内,同类新品的取水量,t/产品单位;

N ——统计报告期内,产出的再制造产品的合格品数量,产品单位。

4. 节材量

节材量按下式计算:

$$\Delta W_c = (w_z - w_g)N \tag{6.4}$$

式中 ΔW_c ——再制造产品节材量,t;

w_z ——统计报告期内,合格再制造产品中再制造零部件的总质量,t;

w_g ——统计报告期内,合格再制造产品中更新件的总量,t;

N ——统计报告期内,产出的再制造产品的合格品数量,产品单位。

5. 再制造毛坯回收利用率

旧件回收利用率按下式计算:

$$r_u = \frac{w_s + w_z + w_q}{W_t} \times 100\% \tag{6.5}$$

式中 r_u ——再制造毛坯回收利用率,%;

w_s ——统计报告期内,直接使用件的总质量,t;

w_z ——统计报告期内,可再制造件的总质量,t;

w_q ——统计报告期内,弃用件回收利用的总质量,t;

W_t ——统计报告期内,原型毛坯产品总质量,t。

6. 单位产品取水量

单位产品取水量按下式计算:

$$v_z = \frac{V_i}{N} \tag{6.6}$$

式中 v_z ——单位再制造产品取水量,m^3/产品单位;

V_i ——统计报告期内,再制造企业的取水量,m^3;

N ——统计报告期内,产出的再制造产品的合格品数量,产品单位。

注:参考《工业企业产品取水定额编制通则》(GB/T 18820—2011)。

7. 单位产品废气排放量

单位产品废气排放量按下式计算:

$$G_{ui} = \frac{G_i}{N} \tag{6.7}$$

式中 G_{ui} ——单位再制造产品废气排放量,t/产品单位;

G_i ——统计报告期内，再制造企业排放的二氧化硫、氮氧化物等废气总量，t；

N ——统计报告期内，产出的再制造产品的合格品数量，产品单位。

8. 单位产品废水排放量

单位产品废水排放量按下式计算：

$$V_{wui} = \frac{V_{wi}}{N} \tag{6.8}$$

式中 V_{wui} ——单位再制造产品废水排放量，t/产品单位；

V_{wi} ——统计报告期内，再制造企业向外排放的废水总量，t；

N ——统计报告期内，产出的再制造产品的合格品数量，产品单位。

9. 单位产品废渣排放量

单位产品废渣排放量按下式计算：

$$Z_{ui} = \frac{Z_i}{N} \tag{6.9}$$

式中 Z_{ui} ——单位再制造产品废渣排放量，t/产品单位；

Z_i ——统计报告期内，再制造企业向外排放的废渣总量，t；

N ——统计报告期内，产出的再制造产品的合格品数量，产品单位。

10. 单位产品综合能耗

单位产品综合能耗按下式计算：

$$e_z = \frac{E_i}{N} \tag{6.10}$$

式中 e_z ——单位再制造产品综合能耗，tce/产品单位；

E_i ——统计报告期内，再制造企业综合能源消耗量，tce；

N ——统计报告期内，产出的再制造产品的合格品数量，产品单位。

注：参考《综合能耗计算通则》(GB/T 2589—2008)。

11. 再制造产品销售净利率

再制造产品销售净利率按下式计算：

$$p = \frac{P_i}{I_i} \times 100\% \tag{6.11}$$

式中 p ——再制造产品销售净利率，%；

P_i ——统计报告期内，企业再制造产品净利润，万元；

I_i ——统计报告期内，企业再制造产品销售收入，万元。

12. 再制造产品投资回报率

再制造产品投资回报率按下式计算：

$$ROI = \frac{P_i}{IN_i} \times 100\% \tag{6.12}$$

式中 ROI ——再制造产品投资回报率,%;

P_i ——统计报告期内,企业再制造产品净利润,万元;

IN_i ——统计报告期内,企业再制造投资总额,万元。

13. 再制造企业固定资产产值率

再制造企业固定资产产值率按下式计算:

$$r_F = \frac{O_i}{F_i} \times 100\% \tag{6.13}$$

式中 r_F ——再制造企业固定资产产值率,单位为%;

O_i ——统计报告期内,再制造产品总产值,万元;

F_i ——统计报告期内,再制造企业固定资产平均总值,万元。

14. 再制造产品合格率

再制造产品合格率按下式计算:

$$r_q = \frac{N}{N_T} \times 100\% \tag{6.14}$$

式中 r_q ——再制造产品合格率,%;

N ——统计报告期内,产出的再制造产品的合格品数量,产品单位;

N_T ——统计报告期内,产出的再制造产品总数量,产品单位。

6.4 再制造产品定量评价指标权重确定方法及评价方法

6.4.1 再制造产品定量评价指标权重确定方法

采用专家集体决策的经验判断法确定评价指标的权重。每个专家通过定性分析,在打分表上为每个指标打分,分值区间为0~10分。专家组收回每个专家的打分表后,计算每个指标的权数算术平均值。一级指标的计算方法见下式。

$$w_i = \sum_{a=1}^{n} \frac{f_{ai}}{n}, \ i = 1, 2, \cdots, m \tag{6.15}$$

式中 n ——专家的数量;

m ——一级指标个数;

w_i ——第 i 个一级指标的权数平均值;

f_{ai} ——第 a 个专家给第 i 个一级指标的打分值。

第 i 个一级指标下二级指标的计算方法见下式：

$$w_{ij} = \sum_{a=1}^{n} \frac{f_{aij}}{n}, j = 1, 2, \cdots, m_i \tag{6.16}$$

式中　w_{ij} ——第 i 个一级指标下第 j 个二级指标的权数平均值；

f_{aij} ——第 a 个专家给第 i 个一级指标下第 j 个二级指标的打分值；

m_i ——第 i 个一级指标下二级指标的个数。

对一级指标权重和每个一级指标下的二级指标权重进行归一化处理。

一级指标权重的归一化方法见下式：

$$w'_i = \frac{w_i}{\sum_{i=1}^{m} w_i} \tag{6.17}$$

二级指标权重的归一化方法见下式：

$$w'_{ij} = \frac{w_{ij}}{\sum_{j=1}^{m_i} w_{ij}} \tag{6.18}$$

6.4.2 再制造产品定量评价指标评价方法

采用加权评价方法计算再制造产品定量评价指标综合得分。

对定量评价指标无量纲化。正向指标(越大越好的指标)和逆向指标(越小越好的指标)数值的无量纲化公式分别见下式：

$$x'_{ij} = \frac{x_{ij}}{x_{ij}^*} \tag{6.19}$$

$$x'_{ij} = \frac{x_{ij}^*}{x_{ij}} \tag{6.20}$$

式中　x_{ij} ——二级指标原始指标值；

x_{ij}^* ——二级指标的基准值；

x'_{ij} ——无量纲化后的指标值。

当可能出现 x_{ij} 远大于(采用公式(6.19)计算)或远小于评价基准值(采用公式(6.20)计算)的情况时，需要对 x'_{ij} 值幅度范围进行限制。限制方法可根据产品特点予以确定并加以具体说明。

计算再制造产品定量评价指标综合得分见下式。

$$P_1 = \sum_{i=1}^{m} w'_i \sum_{j=1}^{m_i} w'_{ij} x'_{ij} \times 100 \tag{6.21}$$

式中　P_1 ——再制造产品定量评价指标综合得分，满分为 100 分。

第7章 再制造企业评价体系与内容

我国再制造产业发展尚处于起步阶段，再制造企业的水平良莠不齐，有关评价标准和管理制度还不完善，政策激励和财政补贴的投向缺乏指引，政府行业监管缺乏抓手。建立一套有效、客观、规范的再制造企业评价体系是促进我国再制造规模化、市场化、产业化发展的重要因素，产品生产企业、维修企业、回收拆解企业、再制造企业、金融保险机构、第三方评价机构及行业协会和政府管理部门对再制造企业评价都有迫切的需求。再制造企业评价内容应包括评价原则、评价方法、等级划分、评价机构、评价流程和评价报告等内容。

7.1 再制造企业基本条件

再制造企业应具备的基本条件包括以下几方面：

(1)具备拆解、清洗、制造、装配、试验、产品质量检测等方面的技术装备和能力。

企业应当有必要的生产场地、存储场地、设施及适宜、整洁的生产环境；生产设备的加工精度和能力符合再制造产品特性要求；应具有再制造所必需的专用设备、工装和工具：

①企业应具有与所再制造产品清洗相适应的设备，如高压、化学、焚烧、超声波清洗仪器等，并与再制造能力和规模配套；

②具有与所选技术路线相适应的专用设备；

③具有与再制造能力、规模相适应的生产线；

④具有与再制造产品和工艺特点相适应的工装和工具；

⑤应具有与原型产品相同的加工设备和产品质量检测仪器与设备。

(2)具有再制造的相关技术标准和规范。

①制定了再制造产品技术要求；

②制定了再制造工艺技术规范；

③制定了再制造产品质量检测标准；

④制定了再制造产品售后服务制度。

(3)具备检测鉴定旧件主要性能指标的技术手段和能力。

(4)具有污染防治设施和能力,满足相关废物处理等环保要求,并通过第三方环境管理体系审核。

再制造企业具有针对废油、液、气的污染防治设施(包括自行配备或外协有资质的单位处理);再制造生产企业污染物排放要符合国家《污水综合排放标准》(GB 8978—1996)、《大气污染物综合排放标准》(GB 16297—1996)、固体废物污染环境防治法律法规、危险废物处理处置的有关要求和有关地方标准的规定。通过第三方环境管理体系审核。

(5)生产一致性保证能力。

与再制造产品质量有关的人员应当具备相应的能力,严格按照程序文件、技术要求和规范或作业指导书、工艺文件操作。当生产一致性保证能力发生重大变化时(包括人员、生产/检验设备、采购/回收的原材料及供方、生产工艺、工作环境、管理体系等),必须有充分的证据表明产品仍能满足原要求。

(6)通过第三方质量管理体系审核。

①建立了再制造产品质量保证体系;

②建立了从原材料(旧件和新部件)供方至最终再制造产品出厂的完整的产品追溯体系;

③建立了再制造产品使用、质量信息反馈机制,通过主要经销商或代理商对再制造零部件使用情况进行跟踪管理;

④建立了完整的销售和售后服务体系,包括维修服务、备件提供、索赔处理、产品回收、客户管理等,并有能力实施(企业自行完成或者外协委托完成)。

(7)建立了逆向物流体系。

采用信息技术和计算机管理系统,建立旧件回收、仓储管理等逆向物流管理系统,建立了明确的旧件回收渠道和模式。

(8)法律法规及有关主管部门规定的其他条件。

7.2 再制造企业评价体系

再制造企业评价应从再制造毛坯回收、再制造毛坯拆解、再制造毛坯清洗、再制造毛坯检测、再制造件加工、再制造产品装配、再制造产品质量检验、再制造产销情况、再制造体系建设、综合管理水平等10个维度进行评价。

再制造企业评价采用指标量化、积分考评的方式进行。评价满分为100分，其中技术指标60分，管理指标40分。各维度及指标的具体设置与赋值见表7.1。

表 7.1　再制造企业评价指标体系

序号	一级指标	二级指标
一	再制造毛坯回收(2分)	1.旧件回收及存储(1分)
		2.仓库内旧件摆放有序，管理规范(1分)
二	再制造毛坯拆解(5分)	1.拆解工艺规程及技术要求卡片(1分)
		2.拆解工具及专用设备(1分)
		3.旧件拆解工作场地面积满足拆解要求(1分)
		4.拆解安全制度及人员防护措施(1分)
		5.拆解件实现分类摆放(1分)
三	再制造毛坯清洗(8分)	1.清洗工艺规程及技术要求卡片(1分)
		2.旧件清洗设备及操作要求(2分)
		3.清洁度检验要求(3分)
		4.旧件清洗操作场地满足使用要求(1分)
		5.清洗废液回收处理措施(1分)
四	再制造毛坯检测(8分)	1.旧件质量检测工艺卡及技术要求(2分)
		2.旧件质量检测设备及工具(5分)
		3.拥有全部再制造件质量检测记录(1分)
五	再制造件加工(25分)	1.再制造加工工艺规范及技术文件(5分)
		2.再制造加工设备能满足再制造生产要求(5分)
		3.旧件的损伤修复技术能力和设备(5分)
		4.再制造零件质量检测(5分)
		5.再制造加工区场地满足使用要求(5分)
六	再制造产品装配(5分)	1.再制造装配工艺规程及技术要求(1分)
		2.再制造产品装备生产线(1分)
		3.再制造装配工具及设备(1分)
		4.装配质量检测(2分)

续表 7.1

序号	一级指标	二级指标
七	再制造产品质量检验 (10分)	1.再制造产品工艺技术规范(2分)
		2.再制造产品质量检测标准(2分)
		3.再制造产品质量检测设备(2分)
		4.再制造产品说明书、保修单、合格证等资料(2分)
		5.再制造产品包装(2分)
八	再制造产销情况 (7分)	1.设计产能(1分)
		2.产能利用率(2分)
		3.产销率(2分)
		4.质量再制造率(2分)
九	再制造体系建设 (15分)	1.质量保证体系(5分)
		2.环保体系(4分)
		3.逆向物流体系(3分)
		4.售后服务体系(3分)
十	综合管理水平 (15分)	1.授权状况(3分)
		2.标识使用(含标注再制造企业商标)(3分)
		3.注册登记状况(3分)
		4.质量信用状况(3分)
		5.员工技术创新水平和业务能力素质(3分)

再制造企业评价等级设定为三级，分别是一级、二级、三级，一级为最高等级，依次降低。评价得分低于75分为不入级企业，评价得分在75～80分区间(含75分)的为三级企业，评价得分在80～90分区间(含80分)的为二级企业，评价得分在90～100分区间(含90分)的为一级企业。

7.3 再制造企业评价流程

1. 评价委托方提交申请

评价委托方依照自愿原则提交评价申请，并附如下材料：

①企业基本情况介绍。

②评价指标体系中涉及量化指标的相关数据以及证明文件。

③真实性承诺书。

2. 评价机构初审

评价机构应在接到申请后10个工作日内成立初审评价小组，评价小组依据委托方提交的材料进行初步审核。如果审核通过，则进入评价下一步流程；如果审核不通过，应告知不能通过初审的原因。

3. 确定专家评审时间

评价机构宜提前3～7天将专家评审时间告知委托方。

4. 组建评审专家组

主要包括如下内容：

①评价机构应组建评审专家组，专家人数为5人以上单数。

②专家来源：国内从事再制造研究和生产的专家。

③评价机构宜提前3～7天将评审时间告知评审专家，同时将申报材料通过电子邮件或邮寄等方式提供给专家。

5. 专家评审会议

专家评审会议内容如下：

①评价机构应向委托方和评审专家介绍评价目的、内容、指标、方法等事项。

②委托方介绍。

③评审专家向委托方质询。

④委托方提供相关证明与依据。

⑤评审专家进行内部讨论。

⑥评审专家依据讨论结果对各项指标进行打分，并提出委托单位在汽车零件再制造方面的优点、缺点及改进建议。

6. 出具评价报告

评价机构依据专家评议出具评价报告。评价报告宜明确陈述下列内容：

①评价机构的基本情况，评价机构参与人员的资质和身份，评审专家的单位、资质和身份。

②评审时间。

③评价目的。

④评价内容和方法。

⑤10个维度的分数，每一维度各指标的分数。

⑥评审专家及评价机构的指导意见。

7. 公示与颁牌

评价机构应对评审结果进行10个工作日的公示。

公示期满，如无异议，则应向委托单位颁发统一设计制作的标志牌和证书。

8. 复核

评价机构可根据外部举报，对获评级单位实施复核，对于复核不合格者按照程度采取限期整改、降级或取消评级等措施，对于取消评级者3年之内不得重新申报。

7.4 再制造企业评价依据

再制造企业指标说明及评价依据见表7.2。

表7.2 再制造企业指标说明及评价依据

序号	一级指标	指标内容	指标说明及评判依据
一	再制造毛坯回收（2分）	1. 旧件回收及存储（1分）	是判定企业是否建立完善的回收体系，并具备再制造毛坯管理资质的重要指标。 依据1：有旧件存储专用仓库，建立了旧件回收档案信息（回收登记台账，卡物是否一致）； 依据2：存储是否满足安全、环保要求（不对零部件造成损伤、不对环境造成伤害、不存在安全隐患）

续表 7.2

序号	一级指标	指标内容	指标说明及评判依据
一	再制造毛坯回收(2分)	2.仓库内旧件摆放有序,管理规范(1分)	是判定企业开展再制造生产、管理是否规范、旧件存储是否合理的重要指标。 依据 1:仓库区域划分是否合理(是否依据规格、型号、状态等进行区分); 依据 2:现场 5S 是否做到,是否有标识等
二	再制造毛坯拆解(5分)	1.拆解工艺规程及技术要求卡片(1分)	是判定产品拆解是否能够满足拆解需要并进行无损拆解的主要手段。 依据 1:是否有工艺技术文件,文件是否受控; 依据 2:技术文件是否能满足拆解过程要求; 依据 3:是否有拆解清单,清单记录是否完整
		2.拆解工具及专用设备(1分)	是判定拆解技术水平及工艺水平的有效评价指标。 依据 1:有无拆解工具及装备; 依据 2:是否能够确保拆解件质量; 依据 3:对重要零件是否进行无损拆解
		3.旧件拆解工作场地面积满足拆解要求(1分)	是验证产能是否达到验收标准的重要指标之一。 依据 1:有无拆解专用场地; 依据 2:是否满足产能要求; 依据 3:拆解场地有无废液、废弃物的排放/存放渠道

续表 7.2

序号	一级指标	指标内容	指标说明及评判依据
二	再制造毛坯拆解(5分)	4.拆解安全制度及人员防护措施(1分)	是判定拆解是否符合环保要求的指标,从安全和环保角度确保再制造拆解过程的安全性与环保性。 依据1:是否建立拆解安全制度,安全措施是否到位,是否有安全操作规程等; 依据2:是否有必要的人员防护措施
		5.拆解件实现分类摆放(1分)	是判断是否批量化生产的重要依据。 依据1:是否分类; 依据2:是否有标识; 依据3:是否按标识摆放
三	再制造毛坯清洗(8分)	1.清洗工艺规程及技术要求卡片(2分)	是判定清洗过程是否合理并得到有效控制的监控标准,能够确保清洗过程的规范性和一致性。 依据1:是否有清洗工艺技术文件; 依据2:清洗工艺文件是否完整并满足生产要求,工艺文件是否受控; 依据3:现场是否能查看到
		2.旧件清洗设备及操作要求(1分)	是判断清洗手段是否先进并满足清洗要求的标准之一。 依据1:是否具有清洗设备; 依据2:清洗设备是否能够清洗油污、水垢、锈蚀、积炭、油漆等; 依据3:是否具有设备操作规程; 依据4:是否有清洗检验设备或工具,检验结果是否有相关记录

续表 7.2

序号	一级指标	指标内容	指标说明及评判依据
三	再制造毛坯清洗(8 分)	3.清洁度检验要求(3 分)	是判断产品清洁度的标准之一。 依据 1:是否具有清洁度检验设备或工具; 依据 2:是否具有清洁度检验的标准和规范; 依据 3:是否进行定期检验,检验结果是否保存
		4.旧件清洗操作场地满足使用要求(1 分)	是判定清洗产能的主要指标。 依据 1:是否具有专用清洗区域; 依据 2:清洗区域是否能够满足生产需求; 依据 3:清洗现场是否符合文明生产要求
		5.清洗废液回收处理措施(1 分)	是判定是否实现资源节约、环境友好的指标,同时可以通过本项工作的开展进一步规范企业的社会责任,积极进行废旧溶液的循环利用。 依据 1:是否具有清洗废液回收处理措施; 依据 2:清洗废液回收措施是否符合试点管理办法
四	再制造毛坯检测(8 分)	1.旧件质量检测工艺卡及技术要求(2 分)	是进行再制造产品质量控制的重要手段,能够显著提高过程控制质量,降低生产过程的废品率。 依据 1:是否具有旧件质量检测工艺及技术要求; 依据 2:检测工艺是否完善、检测数据是否可信并受控

续表 7.2

序号	一级指标	指标内容	指标说明及评判依据
四	再制造毛坯检测(8分)	2.旧件质量检测设备及工具(5分)	是判定检测手段是否先进,是否能够满足再制造要求并确保再制造品质量达到原型新品质量的重要手段。 依据1:是否具有质量检测相关规范和要求; 依据2:是否具有检测工具,是否能够满足检测要求
		3.拥有全部再制造件质量检测记录(1分)	是再制造产品质量监控的重要依据和重要追溯凭证。 依据1:是否具有检测记录; 依据2:检测记录是否完整,检测记录是否保存
五	再制造件加工(25分)	1.再制造加工工艺规范及技术文件(5分)	是判定再制造产品是否受控,能否达到新品质量的重要指标。 依据1:是否具有加工工艺技术文件; 依据2:加工工艺及技术是否完整并受控; 依据3:加工工艺技术文件是否能够满足再制造生产要求
		2.再制造加工设备能满足再制造生产要求(5分)	是判定加工质量是否满足再制造产品设计要求的主要指标。 依据1:是否具有再制造加工设备; 依据2:加工设备是否满足再制造产品质量要求; 依据3:加工设备是否具有操作规程

续表 7.2

序号	一级指标	指标内容	指标说明及评判依据
五	再制造件加工(25分)	3.旧件的损伤修复技术能力和设备(5分)	是再制造修复的主要手段，进行旧件损伤修复的主要途径。 依据1:是否具有表面修复技术工艺及要求，表面修复件质量检测标准，自动化表面修复技术设备及工艺； 依据2:是否具有至少一项下列常用修复工艺及设备： 纳米表面修复技术设备及工艺，电刷镀修复设备及工艺规范，热喷涂修复设备及工艺规范，焊修设备及工艺规范，激光修复设备及工艺规范，粘涂修复设备及工艺规范，表面改性设备及工艺规范；表面修复区废弃物环保处理措施等
		4.再制造零件质量检测(5分)	是检查加工质量的有效手段。 依据1:是否具有加工零件质量检测手段； 依据2:是否对加工零件进行检测； 依据3:检测记录是否完整，检测工具是否具备并进行定期校准、具有合格证； 依据4:检测零部件质量是否满足再制造要求
		5.再制造加工区场地满足使用要求(5分)	是判定再制造加工产能是否达产的重要指标。 依据1:是否具有零部件再制造加工场地； 依据2:加工场地是否满足生产要求； 依据3:加工场地是否满足安全、文明生产要求

续表 7.2

序号	一级指标	指标内容	指标说明及评判依据
六	再制造产品装配(5分)	1.再制造装配工艺规程及技术要求(1分)	是再制造装配质量控制的核心内容，是否达到新品要求的主要指标之一。 依据1:是否具有再制造装配工艺技术文件； 依据2:装配工艺是否完善、装配文件及技术要求是否受控； 依据3:再制造装配工艺技术文件是否能够满足生产要求
		2.再制造产品装配生产线(1分)	是判定是否是产业化生产的主要指标。 依据1:是否具有独立的再制造产品装配生产线； 依据2:再制造装配生产线是否满足再制造生产要求； 依据3:再制造装配环境是否满足产品设计要求； 依据4:是否具有装配零部件及工位器具存放区域并明显标识； 依据5:再制造产品装配线是否满足安全文明生产要求
		3.再制造装配工具及设备(1分)	是判定再制造产品装配水平是否先进并满足再制造要求的主要指标。 依据1:是否具有再制造装配工具及设备； 依据2:装配工具及设备是否能够满足装配质量要求； 依据3:装配工具及设备是否具有操作规程

续表 7.2

序号	一级指标	指标内容	指标说明及评判依据
六	再制造产品装配(5分)	4. 装配质量检测(2分)	是装配过程质量控制的主要手段,确保装配质量达到再制造设计要求。 依据1:是否进行装配质量检测; 依据2:装配质量检测是否满足再制造产品设计要求; 依据3:是否具有装配生产跟单并进行记录
七	再制造产品质量检验(10分)	1. 再制造产品工艺技术规范(2分)	是再制造产品检测的主要指导内容。 依据1:是否具有再制造产品工艺技术规范; 依据2:再制造产品是否满足工艺技术规范,再制造产品能否达到原型新品质量要求
		2. 再制造产品质量检测标准(2分)	是判定产品能够达到原型新品要求的主要指标。 依据1:是否具有再制造产品质量检测标准; 依据2:检测标准是否全面并满足再制造产品质量要求; 依据3:检测标准是否符合原型新品的相关标准要求
		3. 再制造产品质量检测设备(2分)	是判定再制造企业产品是否满足质量要求及检测手段是否先进的主要指标。 依据1:是否具有再制造产品质量检测设备; 依据2:检测设备是否满足产品性能检测需要; 依据3:检测设备是否具有操作规程; 依据4:检测区域是否满足环保、安全和文明生产要求

续表 7.2

序号	一级指标	指标内容	指标说明及评判依据
七	再制造产品质量检验（10分）	4.再制造产品说明书、保修单、合格证等资料（2分）	是再制造企业社会责任及产品售后维修体系是否完善的主要考核指标。 依据1：是否具有再制造产品说明书、保修单、合格证； 依据2：铭牌、产品说明书是否有再制造标识
		5.再制造产品包装（2分）	是确保产品运输过程质量的主要指标。 依据1：是否对再制造产品进行包装； 依据2：包装是否符合产品包装的相关规定，是否符合运输规定及安全要求
八	再制造产销情况（7分）	1.设计产能（1分）	是判定企业实际达产能力的主要考核指标。 依据：是否根据各条生产线制订设计产能方案
		2.产能利用率（2分）	是判定生产规划能力的主要考核指标。 依据1：产能利用率计算公式 $产能利用率=\frac{实际产量}{设计产能}\times 100\%$ 依据2：近两年产能利用率达到80%的2分，达到60%的1分，其余酌情处理
		3.产销率（实际销量/实际产量）（2分）	是判断销售能力的主要考核指标。 依据1：$产销率=\frac{实际销量}{实际产量}\times 100\%$ 依据2：近两年产销率均达到90%的2分，达到80%的1分，其他酌情处理

续表 7.2

序号	一级指标	指标内容	指标说明及评判依据
八	再制造产销情况(7分)	4. 质量再制造率(2分)	是判定企业是否是资源节约型企业的重要评判指标。 依据1:质量再制造率计算公式 再制造率= $\frac{\text{回用件(kg)}+\text{再制造件(kg)}}{\text{总质量(kg)}}\times 100\%$ 依据2:再制造率70%及其以上的4分,再制造率65%及其以上、70%以下的3分,其余酌情处理
九	再制造体系建设(15分)	1. 质量保证体系(5分)	是判定企业是否具有完善质量体系的主要依据。 依据1:是否建立质量保证体系; 依据2:是否通过ISO 9000认证或TS 16949认证
		2. 环保体系(4分)	是判定企业是否具有完善环保体系的主要依据。 依据1:是否建立质量保证体系; 依据2:是否通过ISO 14001认证,环保文件、环保评审记录、环保抽查报告是否完整,是否具有相应的污水、废弃物处理设备和工艺等
		3. 逆向物流体系(3分)	是判定企业是否具有完整产业链条及旧件来源是否充足的主要指标。 依据1:是否建立旧件回收渠道; 依据2:是否建立旧件回收的评价标准

续表 7.2

序号	一级指标	指标内容	指标说明及评判依据
九	再制造体系建设(15分)	4.售后服务体系(3分)	是判定企业售后服务体系是否完善的主要指标。 依据1:建立完整的售后服务体系,包括人员培训、售后服务网络建设、维修服务提供、备件提供、索赔处理、信息反馈、客户管理等; 依据2:关注顾客价值,能够及时处理顾客投诉,顾客满意度处于行业领先水平; 依据3:再制造企业对再制造产品应提供与原型新品相同的质保承诺和售后服务; 依据4:建立从原料(再制造毛坯或更新件)至最终再制造产品完整的追溯体系
十	综合管理水平(15分)	1.授权状况(3分)	是判定再制造企业是否严格执行试点管理办法的主要指标。 依据:是否具有再制造非本企业生产的发动机、变速器授权
		2.标识使用(含标注再制造企业商标)(3分)	是判定是否是再制造产品的重要指标,同时也是判定企业是否严格遵守国家的相关标识规定,能够给消费者提供放心产品。 依据1:是否使用再制造企业标识; 依据2:抽查库存产品
		3.注册登记状况(3分)	是判定企业是否真正具有再制造资质的重要指标。 依据:营业执照是否已经变更或者增加了再制造业务的内容

续表 7.2

序号	一级指标	指标内容	指标说明及评判依据
十	综合管理水平(15分)	4.质量信用状况(3分)	遵守质量相关法律法规,满足法定资质、行政许可、强制性标准和强制性认证等方面要求。 依据1:一定时期内, 无产品质量监督检查不合格记录, 无质量违法、违规记录, 无生产经营假冒伪劣产品行为记录, 无质量虚假宣传行为记录, 无违背质量承诺的行为记录; 依据2:按照标准或合同要求提供产品,质量稳定、信誉高,一定时期内无质量事故; 依据3:积极承担社会责任,在金融、税务、商务和环保等方面无不良信用记录
		5.员工技术水平和业务能力素质(3分)	评价企业综合管理水平的重要指标。 依据1:高级管理层的学历、职称、专业背景、在再制造领域的工作年限; 依据2:员工的平均文化水平、在再制造领域的工作年限; 依据3:员工是否接受过再制造方面的培训; 依据4:员工是否接受过岗前培训

7.5 再制造企业评价原则

1.独立性

评价机构或评价人员应依法独立开展评价活动,不应受其他组织和个人的干预,尤其不应受评价委托方的干预。

2. 客观性

评价机构或评价人员在提供评价意见的过程中，应按照评价成果的客观事实情况进行评审和评议。

3. 公正性

评价机构或评价人员应站在公正的立场上完成评价工作，不能因收取评价费用而偏袒或者迁就评价委托方，评审专家也不能因收取评审费而迁就评价机构。

4. 操作性

评价指标应切合我国再制造行业的实际情况，评价程序应切实可执行，评价报告应具有可读性。

5. 引导性

评价应引导再制造企业管理水平和技术水平的提升，促进我国再制造规模化、市场化、产业化发展。

6. 自律性

评价机构及其工作人员应当严格遵守科学道德和职业道德规范，保证评价的严肃性和科学性。

第8章 再制造综合效益案例分析

再制造是制造产业链的延伸，也是先进制造和绿色制造的重要组成部分。总体来讲，再制造产品在产品功能、技术性能、绿色性、经济性等质量特性方面不低于原型新品，其成本仅是新品的50%左右，可实现节能60%、节材70%、大气污染物排放量降低80%以上、几乎不产生固体废物，经济效益、社会效益和生态效益显著。

当前，我国机电产品保有量巨大，内燃机保有量超过4亿台，工程机械保有量达到700万台，机床保有量约1 100万台，盾构设备保有量1 000余台，打印机保有量超过3 532万台，复印机保有量约500万台。并且我国已进入机械装备报废的高峰期，全国役龄10年以上的传统旧机床超过200万台，80%的在役工程机械超过保质期；年报废汽车约500万辆，30%的盾构设备处于报废闲置状态，办公设备耗材大量更换，每年产生约8亿吨固体废物，造成了大量的资源浪费和环境污染。同时，我国的装备运行损失惊人，传统制造业产能过剩，仅以腐蚀和磨损为例，装备运行因腐蚀和摩擦磨损造成的损失高达1.55万亿元，约占GDP的9.5%，而发达国家两项总和仅为4%～5%。若采取有效措施挽回10%的损失，每年可节约1 550亿元。通过对大量废旧设备进行再制造，则可取得重大的资源、经济、环境和社会效益。

8.1 柴油发动机再制造生命周期环境影响评价

1. 目标与范围定义

本节选取斯太尔WD615.87型再制造斯太尔柴油发动机为产品对象，以企业为客户提供旧件回收、再制造修复升级和产品报废处置为服务组合。RPSS功能单位设定为“回收并再制造WD615.87型柴油发动机1台，用于重型柴油货车(10 t)运输50万km，报废后回收至拆解厂进行材料回收处理”。案例采用2017年济南复强动力有限公司实际生产数据。选择3种环境影响类型指标进行了计算，分别为全球变暖潜值(Global Warming Potential, GWP)，初级能源消耗(Primary Energy Demand, PED)和非生物资源消耗潜值(Abiotic Depletion Potential, ADP)，并采用eFootprint

软件系统建立 RPSS 全生命周期模型。(eFootprint 软件系统是由亿科环境科技有限公司研发的在线 LCA 分析软件,支持全生命周期过程分析,并内置了中国生命周期基础数据库(Chinese Life Cyde Database,CLCD)、欧盟生命周期基础数据库(European Reference Life Cyde Database,ELCD)和瑞士的 Ecoinvent 数据库。

2. 生命周期清单分析

(1)旧件回收。

根据调研,该企业从全国 77 家维修站回收发动机旧件,研究统计了 2017 年全年从各个站点回收旧件的数量,以及各站点到再制造工厂的运输距离,计算得到平均回收 1 台再制造毛坯(发动机旧件)的运输距离,运输过程的能耗与排放数据来源于中国科学引文数据库(Chinese Science Citation Database,CSCD),回收过程的清单数据见表 8.1。

表 8.1 再制造发动机回收过程清单数据

类型	清单名称	数量	单位	上游数据来源	用途/排放原因
过程	再制造发动机回收	1	项	—	回收再制造
消耗	卡车运输	800	t·km	CLCD	旧件回收运输过程主要消耗柴油

(2)发动机再制造修复与升级。

发动机再制造修复与升级过程包含从发动机旧件进厂到再制造发动机包装入库完成,再制造发动机工艺流程如图 8.1 所示。我们将发动机再制造分为若干个典型过程,如拆解、清洗、检测、修复、组装、测试、包装等,统计了每一过程平均一台发动机的能耗,忽略了零部件工厂内部运输能耗和排放。该过程数据来源于企业调研,再制造发动机的主要原料是发动机旧件和更新件,加工过程主要消耗为电能和柴油,收集的耗能设备包括:高温高压清洗机、超声波清洗机、高温分解炉、悬挂式抛丸机、高温热处理炉、齿轮磁粉探伤系统、纳米复合电刷镀设备、高速电弧喷涂系统、激光熔覆再制造成形系统、车床、珩磨机等。

(3)再制造发动机使用。

客户获得再制造发动机后,主要用于重载卡车运输。研究设定再制造发动机使用寿命与新品一致,为重型柴油车货车(10 t)运输 50 万 km。使用过程产生的能耗和排放数据来源于 CLCD,使用过程清单数据见表 8.2。

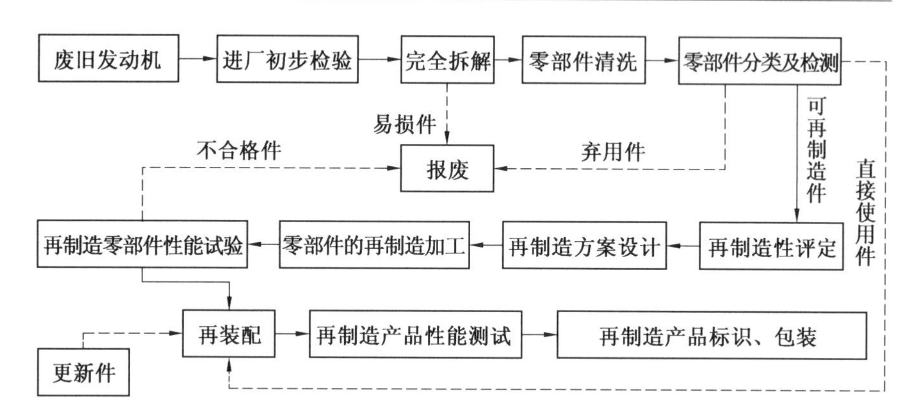

图 8.1　再制造发动机工艺流程

表 8.2　使用过程清单数据

类型	清单名称	数量	单位	上游数据来源	用途/排放原因
过程	再制造发动机使用	1	项	—	客户业务运输
消耗	使用过程消耗与排放	5.0×10^{5}	t·km	CLCD	运输过程主要消耗柴油

(4)再制造发动机废弃。

再制造发动机废弃后处置方式主要为资源回收，运输至拆解厂的距离为 50 km，拆解得到的主要可再生材料为铝合金、合金钢、铸铁等。据企业统计，再制造发动机报废后的回收率为 80%，再生原料回收率为 95%，假设再生材料产率为 100%，抵扣的初生材料计算公式为

$$P=\frac{Z\times R_{\mathrm{w}}\times R_{\mathrm{r}}\times R_{\mathrm{m}}\times Q}{2} \tag{8.1}$$

式中　Z—— 可再利用材料在废弃发动机中的含量；

R_{w}—— 产品回收率；

R_{r}—— 再生原料回收率；

R_{m}—— 再生材料产率；

Q——品质修正系数。

再制造发动机报废后可再生成分统计见表 8.3，再制造发动机废弃过程清单数据见表 8.4。

表 8.3 再制造发动机报废后可再生成分统计

可再生成分	可再利用材料在废弃发动机中的含量（Z）	产品回收率（R_w）	再生原料回收率（R_r）	再生材料产率（R_m）	品质修正系数（Q）	抵扣的初生材料（P）
钢	188 kg	80%	95%	100%	0.9	64 kg
铸铁	578 kg	80%	95%	100%	0.9	198 kg
铝合金	40 kg	80%	95%	100%	0.85	13 kg

表 8.4 再制造发动机废弃过程清单数据表

类型	清单名称	数量	单位	上游数据来源
过程	再制造发动机废弃	1	项	—
消耗	报废回收运输	50	t·km	CLCD－China－ECER
消耗	废铝	－13	kg	CLCD－China－ECER
消耗	废钢	－64	kg	CLCD－China－ECER
消耗	废铁	1.98×10^2	kg	CLCD－China－ECER

3. 生命周期影响分析

基于 RPSS 模式的再制造斯太尔 WD615.87 型柴油发动机全生命周期 LCA 结果见表 8.5。其中气候变化潜值为 84 100 kg CO_2 当量，初级能源消耗为 960 500 MJ，非生物资源消耗潜值为 0.336 kg 锑当量。

表 8.5 再制造发动机全生命周期 LCA 结果

环境影响类型指标	影响类型指标单位	LCA 结果
GWP	kg（CO_2 当量）	8.41×10^4
PED	MJ	9.6×10^5
ADP	kg（锑当量）	0.336

发动机 RPSS 全生命周期各阶段环境影响百分比如图 8.2 所示，同绝大多数能耗产品相似，再制造发动机使用过程为最主要的消耗和排放过程，LCA 结果占全生命周期环境影响的 99%以上。

再制造发动机生产过程各环节 LCA 结果如图 8.3 所示，更新件生产过程和再制造修复过程是主要的消耗排放过程，且更新件生产过程 LCA 结果大于可再制造件修复过程 LCA 结果，其次是清洗、包装、检测、测试等过程。

过程名称	GWP(kg CO_2当量)	PED(MJ)	ADP(kg 锑当量)
再制造发动机	100.00%	100.00%	100.00%
现场贡献	0%	0%	0%
再制造发动机生产	0.87%	1.22%	0.89%
再制造发动机使用	99.87%	99.60%	100.19%
再制造发动机废弃	−0.91%	−0.96%	−1.23%
再制造发动机回收	0.17%	0.14%	0.14%

图 8.2 发动机 RPSS 全生命周期各阶段环境影响百分比

过程名称	GWP(kg CO_2当量)	PED(MJ)	ADP(kg 锑当量)
再制造发动机生产	100.00%	100.00%	100.00%
现场贡献	0%	0%	0%
拆解	0.33%	0.51%	0.80%
清洗	5.43%	6.98%	5.05%
检测	2.28%	1.90%	0.32%
修复	39.12%	36.14%	27.07%
更换新件	46.04%	41.36%	53.71%
组装	0.33%	0.51%	0.80%
测试	0.80%	2.23%	2.82%
包装	5.66%	10.37%	9.44%

图 8.3 再制造发动机生产过程各环节 LCA 结果

以再制造发动机生产过程全球变暖潜值(GWP)、初级能源消耗指标(PED)、非生物资源消耗潜值(ADP)的帕累托图和双饼图分别如图 8.4 和图 8.5 所示。以全球变暖潜值为例,更换新件和修复两个过程排放占到整个生产过程的 80%以上,其中缸盖总成修复、活塞总成换件是这两个过程环境影响的主要因素。

4. 生命周期结果解释

本研究基于如下设定:

①参考国内外再制造产品 LCA 研究热点,将 RPSS 系统边界定为从

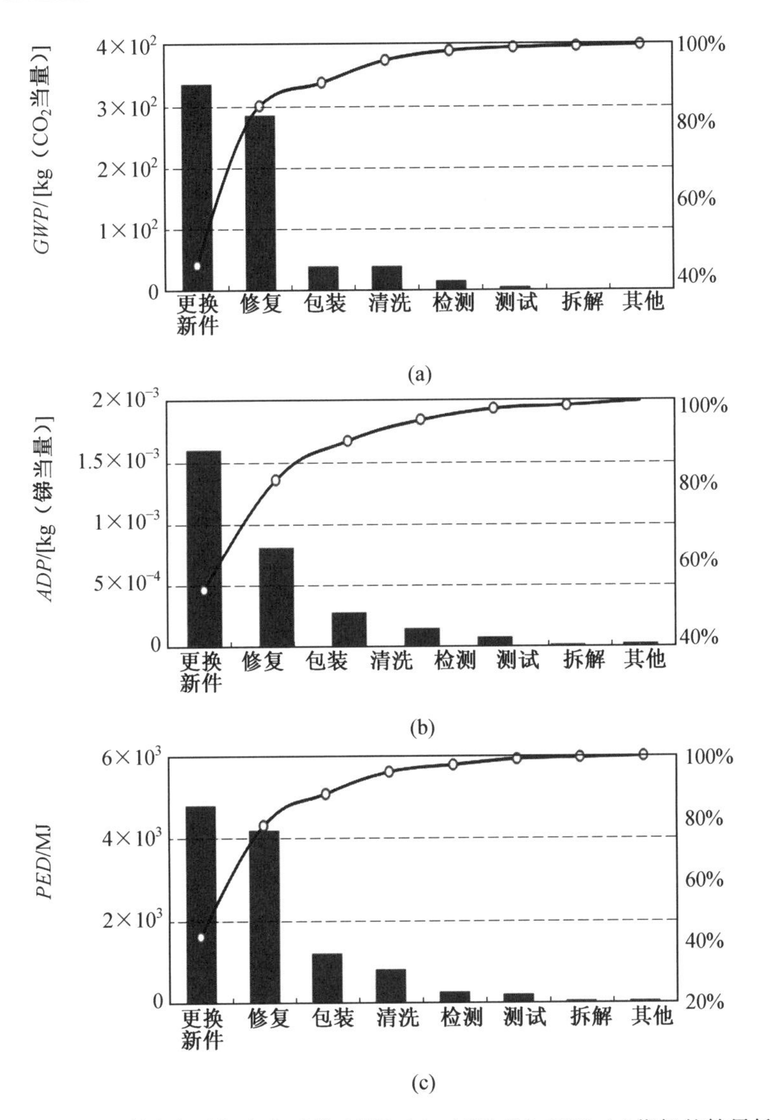

图 8.4　再制造发动机生产过程 GWP (a)、ADP (b)、PED (c)指标的帕累托图

旧件回收开始，废旧发动机回收之前的生命周期各个阶段消耗和排放未纳入系统边界之内。

②假设回收的每一台发动机旧件都可以再制造，即旧件再制造率为100%。

③RPSS 生命周期评价模型忽略了生产过程中零部件在工厂内部的运输能耗，以及再制造发动机客户维护过程的材料和能源消耗。

本研究具有以下几点局限性：

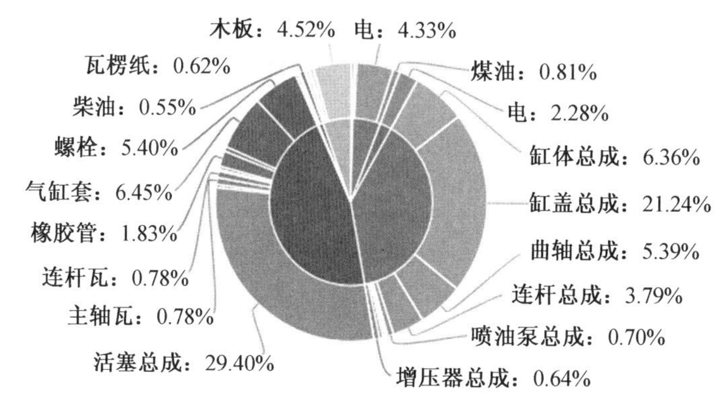

(a) GWP(kg CO_2 当量)

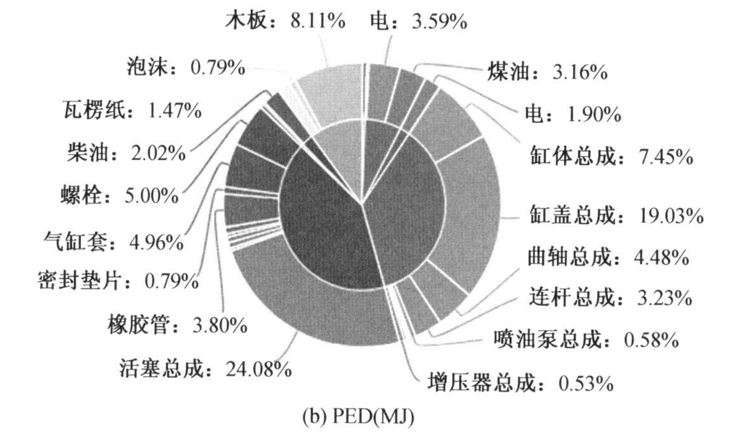

(b) PED(MJ)

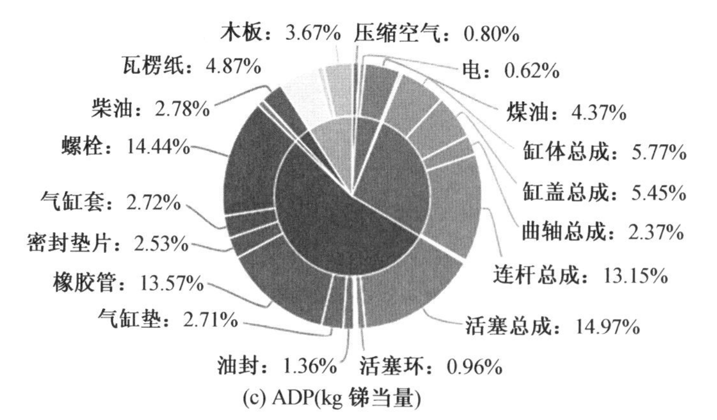

(c) ADP(kg 锑当量)

图 8.5 再制造发动机生产过程 GWP (a)、ADP (b)、PED (c)指标双饼图

①再制造过程需要更换的易损件如密封件、紧固件等通常是企业外部采购,涉及多个上游供应链企业,数据收集存在困难。案例将 CLCD 数据库中的背景数据作为零部件的近似值(如密封件用橡胶材料近似表示,螺栓用碳钢材料近似表示),计算结果考虑了数据质量的不确定度。

②案例数据来源于我国最早从事发动机再制造的中国重汽济南复强动力有限公司,其生产规模和技术水平处于国内先进水平。因此,案例研究得到的该型柴油发动机 RPSS 全生命周期环境影响结果仅代表特定企业和特定方案水平,无法代表该产品再制造行业的平均状况。

案例研究采用的取舍规则以各项原材料投入占产品质量或过程总投入的质量比为依据,忽略物料总质量占比为 0.34%。报告采用 CLCD 质量评估方法,在 LCA 软件系统上完成对模型清单数据的不确定度评估,数据质量评估结果见表 8.6,经专家咨询,所得评估结果有效,符合方案实际。

表 8.6 再制造发动机 LCA 评价数据质量评估结果

指标名称	缩写(单位)	LCA 结果	结果不确定度	上下限范围(95%置信区间)
气候变化	GWP (kg CO_2 当量)	8.41×10^{4}	±19.16%	[6.80×10^{4},1.00×10^{5}]
初级能源消耗	PED (MJ)	9.61×10^{5}	±21.76%	[7.51×10^{5},1.17×10^{6}]
非生物资源消耗	ADP (kg 锑当量)	3.36×10^{-1}	±16.24%	[2.82×10^{-1},3.91×10^{-1}]

8.2 柴油发动机再制造生命周期经济性分析

1. 目标与边界

装甲装备柴油发动机具有潜在价值高、报废数量大和维修费用高的特点,再制造可实现废旧产品功能恢复与性能提升,并具有较高的综合效益。柴油发动机再制造过程包含回收、拆解、清洗、检测、再制造加工、测试、装配等过程,如图 8.6 所示。其成本分析的边界为回收至装配的全过程。

2. 成本分解结构及估算方法

按照工艺流程,装甲装备柴油发动机再制造成本可分为旧件获取成本、再制造加工成本、材料购买成本及间接成本。其中:旧件来源主要是大修期的发动机,无购置成本,但由于发动机较重,因此存在物流成本。装甲装备柴油发动机再制造过程发生的成本包括:物流、加工能耗、加工材料、

(a) 发动机回收　(b) 拆解　(c) 激光清洗　(d) 喷涂　(e) 发动机装配　(f) 吊装

图 8.6　再制造工艺图

人工、更新件采购、分摊及工厂管理成本；旧件获取成本只有物流成本，无购置成本；材料购买成本包括：止动垫圈、密封圈、油封、衬垫、卡箍、橡胶管、加工用料等成本；间接成本包括工程分摊成本和占总成本 3% 的管理成本。据工厂统计新品、大修与再制造的成本见表 8.7。

表 8.7　装甲装备柴油发动机再制造总成本　　万元

成本类别	新品	大修	再制造
C_{total}	40	12	13.5

3. 成本分析

参照建立的成本分解结构，将装甲装备柴油发动机再制造的总成本划分为 6 个部分,如图 8.7 所示。

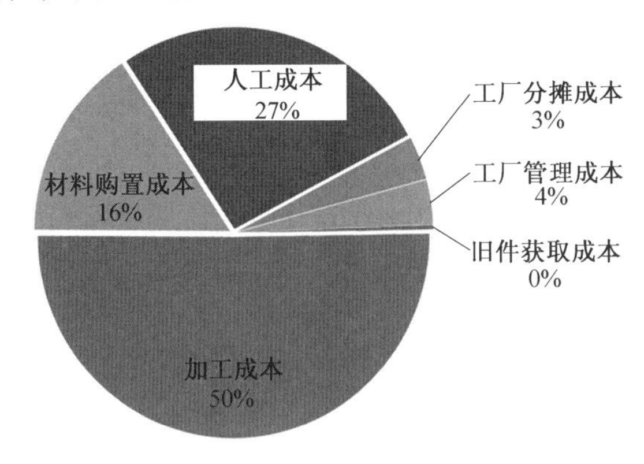

图 8.7 装甲装备柴油发动机再制造总成本划分

由图 8.7 可以看出加工成本、人工成本与材料购买成本为装甲装备再制造成本的主要组成部分,其中加工成本与材料购买成本占到 66%,人工成本占到 27%,与我国正常的大型制造业相比分别增加了 6%与 7%,说明装甲装备发动机再制造成本至少存在 13%的下降空间。

4. 效费分析

经济寿命是确定装备服役年限的重要依据,装备再制造经济寿命计算公式为

$$T=\sqrt{\frac{2(Y-L_n)}{\lambda}} \tag{8.2}$$

式中 T—— 装备经济寿命;

Y—— 装备购置成本;

L_n—— 装备在第 n 年的净残值;

λ—— 每年装备使用成本增加值。

表 8.8 给出了某型号发动机的再制造、大修以及新品的购置成本、第 n 年的净残值、每年装备使用成本增加值以及装备的经济寿命。

表 8.8 某型号发动机效益分析数据

类别	Y/万元	L_n/万元	λ/万元	T/h
再制造	13.5	4	1	200
大修	12	4	1.5	140
新品	40	4	1.5	280

据工厂提供信息表明:新品寿命 700 h,再制造发动机寿命达到

1 000 h,可靠性得到显著提升,并与装备整体的大修期保持一致。而经过维修的发动机的寿命仅仅为500 h,再制造发动机寿命提高至维修的2倍。

将使用寿命作为效能V,则ε_{Lu}为装甲装备发动机再制造效费E_{RM}与大修效费E_{oh}的比值,即

$$\varepsilon_{Lu}=\frac{E_{RM}}{E_{oh}}=1.8 \tag{8.3}$$

将经济寿命作为效能V,则ε_{Le}为装甲装备发动机再制造效费E_{RM}与大修效费E_{oh}的比值,即

$$\varepsilon_{Le}=\frac{E_{RM}}{E_{oh}}=1.3 \tag{8.4}$$

由式(8.3)与(8.4)可知:装甲装备实施再制造在可靠性和经济性上均优于大修。一般情况下,ε_{Lu}与ε_{Le}应相等或大致相等,但$\varepsilon_{Lu}-\varepsilon_{Le}=0.5$,说明装甲装备柴油发动机再制造经济性存在提高空间,同时表明再制造成本具有很大的下降空间。

假设使用寿命作为效能V,则ε_{Le}为装甲装备柴油发动机再制造效费E_{RM}与新品效费E_{new}的比值,即

$$\varepsilon_{Le}=\frac{E_{RM}}{E_{new}}=4.4 \tag{8.5}$$

由式(8.5)可知:装备再制造节材、节能效果明显,最大限度地发掘了装备的附加值与潜能,再制造技术优于原始制造技术,提升了发动机各方面的性能,延长了装备的使用寿命。

5. 装甲装备柴油发动机再制造成本预测

某工厂在某重载发动机再制造企业车间与财务部的全力配合下,收集了近年再制造的12台发动机成本数据,并去除了成本中在分解前可明确的“白色成本”,具体信息见表8.9。

表8.9 重载发动机再制造成本与时间参数对应表

发动机	总费用/元	t_w/h	b_e/(g·kW^{-1}·h^{-1})	f_e/(g·kW^{-1}·h^{-1})
1	63 402	319.2	250	4.50
2	225 019	485.7	362	6.85
3	176 424	624.9	466	8.81
4	167 573	686.5	512	9.68
5	93 929	448.7	335	6.33
6	126 119	381.9	285	5.38

续表 8.9

发动机	总费用/元	t_w/h	b_e/(g·kW^{-1}·h^{-1})	f_e/(g·kW^{-1}·h^{-1})
7	129 974	400.0	298	5.64
8	59 073	449.6	335	6.34
9	179 473	487.5	364	6.87
10	81 460	455.7	340	6.42
11	174 278	585.2	437	8.25
12	143 321	675.5	504	9.52

(1)建模数据。

灰色理论建模需求的数据量不大,适用于"小样本""贫数据"情况下建模。但是引入过多的数据将会弱化数据序列的发展趋势,因此,选取近年的 12 台再制造成本数据用作建模和检验样本。

(2)因子选择。

根据重载发动机再制造成本影响因素,在考虑因素量化和获取特征的基础上,利用灰色系统估算法选取总运转小时 t_w、有效燃油消耗率 b_e、有效机油消耗率 f_e为模型参数。

回归参数的选择是再制造成本预测过程建模的基础,系统分析再制造成本后确定了 4 种建模参数:

①总运转小时 t_w。

总运转时间参数是指发动机自开始服役至产生成本所经历的总运行时间(h),表明发动机的使用状况及寿命,一般情况下,发动机运行时间越长,相应的再制造成本越高。

②有效燃油消耗率 b_e。

有效燃油消耗率是指发动机每输出 1 kW·h 的功率所消耗的柴油燃量,单位为 g/(kW·h)

$$b_e = \frac{B}{P_e} \times 10^3 \tag{8.6}$$

式中 B——单位时间内的柴油油耗量(kg/h);

P_e——发动机的有效功率,体现发动机综合性能及状况。

有效柴油消耗率高,反映出发动机性能与状态差,意味着发动机的内部损伤程度较高,相应再制造成本也会提升。

③有效机油消耗率 f_e。

有效机油消耗率是指发动机每输出1 kW·h的功率所消耗的机油损耗量，单位为g/(kW·h)

$$f_e = \frac{H}{P_e} \times 10^3 \tag{8.7}$$

式中 H——单位时间内的机油。

有效机油消耗率高，反映出发动机性能与状态差，意味着发动机的内部损伤程度较高，相应再制造成本也会提升。

④再制造零件的数量 Q_{TY}。

在发动机再制造过程中，再制造零件的数量与再制造成本有直接关系，影响再制造工作量的大小、人工成本、材料成本及设备等相关费用。

表8.9中数据1～7用作灰色建模，数据8～12用作模型预测检验，则系统特征数据集合 $\boldsymbol{X}_1^{(0)}$ 和相关因素集合 $\boldsymbol{X}_2^{(0)}$、$\boldsymbol{X}_3^{(0)}$、$\boldsymbol{X}_4^{(0)}$ 可表示为

$$\boldsymbol{X}_1^{(0)} = [0.006\,340\,2, 0.225\,019, 0.176\,424, 0.167\,573, 0.093\,929, 0.126\,119, 0.129\,974]$$

$$\boldsymbol{X}_2^{(0)} = [319.2, 485.7, 624.9, 686.5, 448.7, 381.9, 400.0]$$

$$\boldsymbol{X}_3^{(0)} = [250, 362, 466, 512, 335, 285, 298]$$

$$\boldsymbol{X}_4^{(0)} = [4.50, 6.85, 8.81, 9.68, 6.33, 5.38, 5.64]$$

(3)建模过程。

第一步：$GM(1,4)$白化方程为

$$\frac{\mathrm{d}x_1^{(1)}}{\mathrm{d}t} + ax_1^{(1)} = b_2 x_2^{(1)} + bx_3^{(1)} + b_4 x_4^{(1)}$$

第二步：对 $\boldsymbol{X}_i^{(0)}(i=1,2,3,4)$ 做累加生成，得到系数矩阵：

$$\boldsymbol{B} = \begin{bmatrix} -0.376\,633 & 804 & 612 & 11.35 \\ -0.781\,054 & 1\,429.8 & 1\,078 & 20.16 \\ -0.679\,383 & 2\,116.3 & 1\,590 & 29.84 \\ -0.789\,407 & 2\,565 & 1\,925 & 36.17 \\ -0.917\,453 & 2\,946.9 & 2\,210 & 41.55 \\ -1.011\,977 & 3\,346.9 & 2\,508 & 47.19 \end{bmatrix}$$

$$\boldsymbol{Y} = \begin{bmatrix} 0.225\,019 \\ 0.176\,424 \\ 0.167\,573 \\ 0.093\,929 \\ 0.126\,119 \\ 0.129\,974 \end{bmatrix}$$

$$\hat{\boldsymbol{\beta}}=[a \quad b_2 \quad b_3 \quad b_4]^{\mathrm{T}}=(\boldsymbol{B}^{\mathrm{T}}\boldsymbol{B})^{-1}\boldsymbol{B}^{\mathrm{T}}\boldsymbol{Y}=$$
$$[0.067\,6 \quad 0.019\,6 \quad 0.024\,6 \quad -2.696\,4]^{\mathrm{T}}$$

则估算模型为

$$\frac{\mathrm{d}x_1^{(1)}}{\mathrm{d}t}+0.067\,6x_1^{(1)}=0.019\,6x_2^{(1)}+0.024\,6_3^{(1)}-2.696\,4x_4^{(1)}$$

近似时间响应式表示为

$$\hat{\boldsymbol{X}}_1^{(1)}(k+1)=63.402\mathrm{e}^{-0.067\,6k}+[0.018\,6x_2^{(1)}(k+1)+$$
$$0.024\,6x_3^{(1)}(k+1)-2.696\,4x_4^{(1)}(k+1)(\mathrm{e}^{-0.0676k}-1)]$$

就可以计算出各发动机再制造成本的拟合或预测值，其具体值见表8.10，并计算相对误差项。由此说明，灰色系统模型对成本的预测精度较高，相对误差控制在12%以内，满足企业再制造成本预测的应用。

以企业收集的重载发动机再制造作为样本，分别应用线性回归模型与指数模型建立预估模型。模型选择参数是总运转小时、有效燃油消耗率以及有效机油消耗率等，得到不同估算方法的拟合值以及相对误差见表8.10。

表 8.10 预测模型拟合值表

项目	真实值	拟合值				相对误差			
		灰色系统模型	线性回归模型	指数模型	组合预测	灰色系统模型	线性回归模型	指数模型	组合预测
1	63 402	63 402	68 960	64 281	64 828	0.00	8.77	1.39	2.25
2	225 019	203 931	204 218	240 831	220 295	9.37	9.24	7.03	2.11
3	176 424	160 442	157 282	154 893	161 168	9.06	10.85	12.20	8.65
4	167 573	157 462	178 079	181 656	173 158	6.00	6.27	8.40	3.33
5	93 929	113 390	97 703	86 534	93 436	2.10	4.02	7.87	0.52
6	126 119	112 574	116 371	111 127	112 642	10.74	7.73	11.89	10.69
7	129 974	113 453	145 481	147 866	134 621	12.71	11.93	13.77	3.58
8	59 073	59 073	65 679	67 055	63 833	0.00	11.18	13.51	8.06
9	179 473	175 340	195 317	197 186	188 710	2.30	8.83	9.87	5.15
10	81 460	90 191	72 340	76 369	81 084	10.72	11.20	6.25	0.46
11	174 278	185 721	150 322	156 135	166 063	6.57	13.75	10.41	4.72
12	143 321	144 303	157 439	158 049	152 823	0.69	9.85	10.28	6.63
平均误差						5.86	9.47	9.41	4.68

在单一模型的基础上，采用组合预测的方法建立估算模型。

(1)确定等价种类。

将表8.10中的数据依据相对误差大小划分为三个等级：[0,0.05]、[0.05,0.1]、[0.1,1]，分别对应特征值1、2、3，见表8.11。

表8.11 二维决策表

项目	条件集			决策集
	灰色系统模型	线性回归模型	指数模型	实际值
U_1	1	2	1	1
U_2	1	3	3	1
U_3	1	2	2	3
U_4	3	2	3	2
U_5	3	2	3	2
U_6	3	3	2	1
U_7	2	2	2	3
U_8	2	1	2	1
U_9	2	3	3	3
U_{10}	1	2	3	3
U_{11}	2	2	2	3
U_{12}	1	2	3	3
重要性	0.21	0.11	0.25	—
权重系数	0.37	0.19	0.44	—

在论域U中有：

$$U/\mathrm{ind}(C)=\{\{\mu_1\},\{\mu_2\},\{\mu_3\},\{\mu_{12}\},\{\mu_4\},\{\mu_5\},\{\mu_7,\mu_{11}\},\{\mu_8\},\{\mu_9\},\{\mu_{10}\}\}$$

$$U/\mathrm{ind}(D)=\{\{\mu_1,\mu_2,\mu_6,\mu_8\},\{\mu_4,\mu_5\},\{\mu_3,\mu_7,\mu_9,\mu_{10},\mu_{11},\mu_{12}\}\},$$

$$U/\mathrm{ind}(C-\{a\})=\{\{\mu_1\},\{\mu_2,\mu_9\},\{\mu_3,\mu_7,\mu_9,\mu_{10},\mu_{11},\mu_{12}\}\}$$

$$U/\mathrm{ind}(C-\{b\})=\{\{\mu_1\},\{\mu_2,\mu_{10}\},\{\mu_3,\mu_{12}\},\{\{\mu_4,\mu_5,\{\mu_6\}\},\{\mu_7,\mu_8,\mu_{11}\},\{\mu_9\}\}\}$$

$$U/\mathrm{ind}(C-\{c\})=\{\{\mu_1,\mu_3,\mu_{10},\mu_{12}\},\{\mu_2\},\{\mu_4,\mu_5\},\{\mu_6\},\{\mu_7,\mu_{11}\},\{\mu_8\},\{\mu_8\}\}$$

计算出预测模型的权重系数为

$$\mu_a=0.372,\mu_b=0.186,\mu_c=0.442$$

将各预测模型的值和权重系数代入组合预测公式,就计算出组合模型的预测值,见表 8.10。

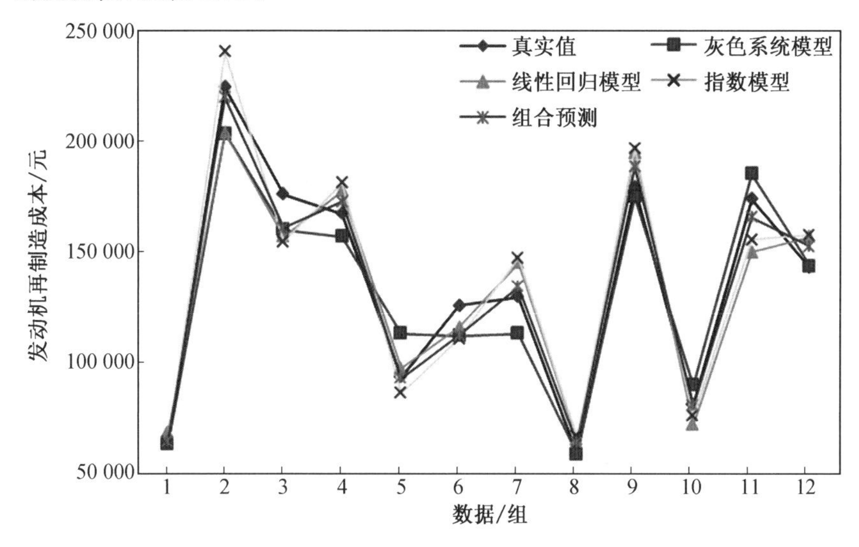

图 8.8 模型预测值对比

从表 8.10 所示的四种预测模型的预测值、预测指标与相对误差可以看出,组合模型的单个预测模型预测精度虽然不高,但整体来看:(1)数据的拟合对于单一预测方法更加平稳,相对误差控制在 8%以内,完全满足企业成本预测误差要求;(2)组合模型的平均相对误差只有 4.68%,低于灰色模型,相比单一预测模型的精度较高。相比单一预测模型的精度较高,如图 8.8 所示。

6. 装甲装备柴油发动机再制造效果

图 8.9 为某型号重载车辆发动机再制造前后的状态比较,可以看出再制造后重载车辆发动机达到了新机的状态。在以上发动机再制造关键技术的研究开发基础上,运用综合集成创新的再制造技术,对某型号重载车辆发动机 16 类关键零部件进行了再制造,实现了发动机零部件的表面强化、改性和运行中的自修复,显著提高了发动机零部件的使用寿命,为重载车辆再制造发动机使用寿命延长到 1 000 h 奠定了技术基础。

重载车辆发动机的主要材料为钢材、铝材和铜材。当重载车辆发动机整机或个别零部件达到报废标准后,传统的资源化方式是将发动机拆解、分类回炉、冶炼、轧制成型材后进一步加工利用。经过这些工序,原始制造的能源消耗、劳动力消耗和材料消耗等各种附加值绝大部分被浪费,同时

(a) 再制造前的状态

(b) 再制造后的状态

图 8.9　某型号重载车辆发动机再制造前后的状态比较

又要重新消耗大量能源，造成了严重的二次污染。而通过对废旧发动机及其零部件进行再制造，一是免去了原始制造中金属材料生产和毛坯生产过程的资源、能源消耗和废弃物的排放，二是免去了大部分后续切削加工和材料处理中相应的消耗和排放。零件再制造过程中虽然要使用各种表面技术，进行必要的机械加工和处理，但因所处理的是局部失效表面，相对整个零件原始制造过程来讲，其投入的资源（如焊条、喷涂粉末、化学药品）、能源（电能、热能等）和废弃物排放要少得多，大约比原始制造要低 1 至 2 个数量级。

按照上述数据测算，回炉 1 台发动机共耗能 2 066 kW・h，排放 CO_2 137 kg，再制造 1 台发动机耗能为回炉冶炼后制造成新机的 1/15。资料表明，每回炉 1 t 钢材、铝材、铜材的耗能数据和 CO_2 排放数据见表 8.12。一台重载车辆发动机质量约 1 100 kg，其中含钢 607 kg、铝合金 482 kg、铜合金 11 kg。按照年再制造 1 000 台重载车辆发动机统计，可节能 193 万 kW・h，节约金属 770 t，减少 CO_2 排放 137 t。

表 8.12　回炉冶炼 1 吨金属耗能与排放数据分析

	钢材	铜材	铝材
耗能/(kW・h)	1 784	1 726	2 000
CO_2 排放/t	0.086	0.25	0.17

由此可见，重载车辆发动机实施绿色再制造在促进循环经济发展、节能、节材和保护环境等方面具有重要意义。通过重载车辆发动机再制造，可以优化装备的保障过程，显著地降低装备全生命周期的保障费用，节约经费开支。同时，发动机再制造关键技术在大功率柴油机的制造领域也具

有广阔的应用前景。

8.3 飞机发动机再制造效益分析

航空发动机零部件再制造是指对使用报废的零部件，经失效分析、技术研究、试验验证等技术手段，采用先进的再制造技术，使之性能、可靠性接近，达到甚至优于原有设计制造水平，使用寿命满足一个或以上翻修间隔期的要求，而成本远低于新品价格。航空再制造绝不是简单的修理，而是可以取得巨大军事、经济和社会效益的科学内涵十分丰富的系统工程。

归纳起来，航空发动机零部件的典型损伤失效模式主要有：外物打伤、变形、疲劳裂纹和断裂、磨损、腐蚀、过热和烧蚀、表面污染（积炭）等。

针对航空发动机不同零部件的各类失效情况，根据零部件材料和服役性能要求不同，采用相应的再制造成形技术。在航空发动机零部件再制造生产中，目前已有很多技术手段获得了成功应用，例如：水基清洗技术、铸造合金零部件粉末冶金技术、微弧等离子焊接成形技术、电火花微弧沉积技术、纳米复合电刷镀技术以及爆炸喷涂、等离子喷涂、超声速火焰喷涂等热喷涂技术。

（1）水基清洗技术：适用于涡轮叶片内腔积炭清洗、燃油喷嘴积炭清洗、机匣油污清洗和散热器油垢清洗，可应用于高温合金、钛合金、铝合金、镁合金和铜合金等材料表面的积炭、油污和漆层清洗。

（2）铸造合金零部件粉末冶金技术：应用于航空发动机、地面燃气轮机的涡轮叶片、导向叶片等热端部件的裂纹、铸造缺陷故障修复，可应用于普通铸造、定向结晶以及单晶的高温合金材料。

（3）高温涂层技术：可进行航空发动机及地面燃气轮机热端部件的MCrAlY涂层、渗Al涂层、Al－Si涂层和Al－Si－Y涂层的加工。

（4）微弧等离子焊接成形技术：应用于航空发动机、地面燃气轮机零部件的裂纹修复和磨损再生，如压气机叶片异物打伤、涡轮叶片叶尖磨损、封严环磨损等。

（5）铸造合金微损伤无变形修复技术：应用于修复铸造合金零部件的微裂纹、微磨损和微机械损伤，比如叶片榫头微动磨损、燃烧室壳体裂纹、旋流器孔裂纹、限动器和滑油附件磨损。

（6）纳米复合电刷镀技术：用于修复各种压气机叶片榫头的微动磨损。

（7）热喷涂技术：包括爆炸喷涂、等离子喷涂、火焰丝材喷涂、超声速火焰喷涂等设备及工艺，可增强航空发动机和地面燃气轮机零部件的耐磨、抗高温、密封等功能。

通过零部件的批量再制造，解决了航空发动机报废关键零部件无法再制造的技术难题；提升了零部件使用性能，延长了零部件服役寿命，提高了零部件工作的可靠性，实现了发动机使用效能的最大挖掘；摆脱了修理中在备件采购上受制于人的局面，大幅缩短了发动机修理周期。

表8.13给出了某发动机再制造节能减排数据：再制造用电、用水与CO_2排放分别只是制造新品的31.17%、40.38%和10.87%。

表8.13 某发动机再制造与制造效益对比表

单台制造排放CO_2/t	单台再制造排放CO_2/t	单台再制造与制造比例/%
154.146	16.761	10.87
单台制造耗水/t	单台再制造耗水/t	单台再制造与制造比例/%
6 133.2	2 476.647	40.38
单台制造耗电/($\times 10^4$ kW·h)	单台再制造耗电/($\times 10^4$ kW·h)	单台再制造与制造比例/%
21.259	6.627	31.17

经统计，通过再制造成果在发动机修理中的应用，近10年来已为国家节约采购备件经费达2亿元。再制造有利于节约资源、节能减排，为解决资源短缺、推动装备可持续发展提供了新途径。

8.4 其他领域再制造产业综合效益分析

以国内第一家再制造企业——济南复强动力有限公司为例：近3年再制造重载发动机62 000台，再制造连杆72 000件，主轴承孔8 700件，缸孔6 500件，曲轴7 600件，气门18 000个，节材5 000 t，节约材料成本1.86亿元。与新机制造相比，节约材料16 875 t，节约标煤6 210 t，减少CO_2排放4 795 t。以再制造5万台斯太尔发动机统计，可以节省金属4万t，节电0.72亿kW·h，回收附加值16亿元，实现利税1.5亿元，减少CO_2排放3万t。

表8.14给出了2015—2017年国内具有代表性的再制造试点企业的综合效益分析，其中再制造产品销售总额18.04亿元，利润1.91亿元，直接再利用金属28 161 t，减少CO_2排放约28 625 t，节约标煤16 700 t标煤，提供就业1 135人，实现旧件利用率达到85%以上，不可再制造部分资

源化比率大于90%，万元产值工业固体废物处置量小于4 kg，节能、节材、环保效果显著，取得了重大的社会效益和经济效益，有力地推动了再制造产业健康、有序、快速发展，促进了我国循环经济建设。

表8.14 2015—2017年国内代表性再制造试点企业的综合效益分析

社会效益	发动机再制造企业	自动变速箱再制造企业	发电机/起动机再制造企业	转向器再制造企业
再利用金属/t	12 779	4 788	2 132	1 710
减排 CO_2/t	9 641	7 734	1 540	865
节约标煤/t	8 271	2 715	1 153	826
提供就业/人	300	150	120	125

通过对废旧矿山设备进行再制造，每年再制造矿山机械核心零部件3万t，可减少新钢铁用量2.1万t，节约标煤4 200 t，减少 SO_2 排放14 t，减少 CO_2 排放4.5 t，综合节能率60%。

在松原油田、长庆油田等油田开展的废旧油管再制造，采用自蔓延高温合成+离心浇注方法研发的自蔓延陶瓷复合管技术，实现了管内壁既防腐又耐磨的特性，其耐蚀寿命是新品油管的5倍。据统计，废旧油管再制造每万t节省2.2亿元，减少防腐施工费用2.75亿元、油水井寿命周期内减少作业费用0.63亿元、节约钢材5万t，减少 CO_2 排放10万t，节能4.3万t标煤，节水27万t。

采用激光技术再制造某轧机牌坊，单台轧机牌坊质量为400 t，新品购置价格平均3 000万元，使用寿命12～15年。再制造一台该机的费用仅为新品的5%，使用寿命是新品的2倍，材料消耗仅为万分之一，能源消耗为千分之一，可减少排放 CO_2 750 t、SO_2 480 kg、减少烟尘96 kg、工业粉尘243 kg、工业尘泥14 t。

复印机再制造可创造出巨大的经济效益与社会效益。如国内专业从事废旧办公设备再制造的复印机再制造有限公司，2011年再制造高速数码复印机年销售量已达到4万台，年均为国家节省外汇支出4亿美元，实现利税2 000万元人民币，节约材料1万t，节电1亿kW·h，减少 CO_2 排放0.8万t，间接拉动上下游就业人数约7万人，拉动相关耗材、部件等消耗市场等约50亿元产值。

参考文献

[1] 杨铁生. 推动中国再制造产业健康有序发展[J]. 中国表面工程，2014，27(6):1-3.

[2] 王喜文. 中国制造2025解读:从工业大国到工业强国[M]. 北京：机械工业出版社，2015.

[3] 中国国家标准化管理委员会. 再制造　术语 GB/T 28619—2012[S]. 中国标准出版社,2012.

[4] 徐滨士. 再制造与循环经济[M]. 北京:科学出版社,2007.

[5] 中国国家标准化管理委员会. 机械产品再制造　通用技术要求 GB/T 28618—2012[S]. 中国标准出版社,2012.

[6] 施泰因希尔佩. 再制造——再循环的最佳形式[M]. 北京:国防工业出版社,2006.

[7] 徐滨士,董世运,朱胜,等. 再制造成形技术发展及展望[J]. 机械工程学报,2012，48(15):96-104.

[8] 冷如波. 产品生命周期3E+S评价与决策分析方法研究[D]. 上海：上海交通大学，2007.

[9] 张旭梅，刘飞. 产品生命周期成本概念及分析方法[J]. 工业工程与管理，2001，6(3)：26-29.

[10] 徐滨士. 装备再制造工程的理论与技术[M]. 北京:国防工业出版社,2007.

[11] 刘志峰. 绿色设计方法、技术及应用[M]. 北京:国防工业出版社，2008.

[12] 李恩重，史佩京，徐滨士，等. 我国再制造政策法规分析与思考[J]. 机械工程学报，2015，51(19)：117-123.

[13] 徐滨士. 再制造技术与应用[M]. 北京:化学工业出版社,2014.

[14] 中国机械工程学会再制造工程分会. 再制造技术路线图[M]. 北京：中国科学技术出版社,2016.

[15] 国家制造强国建设战略咨询委员会,中国工程院战略咨询中心. 绿色制造[M]. 北京:电子工业出版社,2016.

[16] 李红霞，梁工谦. 再制造发动机寿命周期费用分析[J]. 现代制造工程，2006,(11)：77-79.

[17] 徐滨士，梁秀兵，史佩京，等. 我国再制造工程及其产业发展[J]. 表面工程与再制造，2015，15(2)：6-10.

[18] 徐滨士，史佩京，魏世丞，等. 创新激活中国特色再制造产业[J]. 中国科技投资，2013 (30)：41-45.

[19] 许飞. 民用航空发动机维修成本分析与控制研究[D]. 北京：中国民航大学，2014.

[20] 刘志超. 发动机原始制造与再制造全生命周期评价方法[D]. 大连：大连理工大学，2013.

[21] 郭英玲，刘红旗，郭瑞峰，等. 面向节能减排的简式生命周期评价方法[J]. 环境保护，2009，416(3B)：8-10.

[22] 徐滨士，刘世参，史佩京. 汽车发动机再制造效益分析及对循环经济贡献研究[J]. 中国表面工程，2005，18(1)：1-7.

[23] 郑汉东，陈意，李恩重，等. 再制造产品服务系统生命周期评价建模及应用[J]. 中国机械工程，2018，29(18)：59-65.

[24] 郑汉东，史佩京，李恩重，等. 我国电动机再制造发展现状分析[J]. 现代制造工程，2017(02)：153-157.

[25] 田浩亮，魏世丞，梁秀兵，等. 高速电弧喷涂再制造曲轴弯曲疲劳寿命及再制造效益评估[J]. 稀有金属材料与工程，2018，47(02)：538-545.

[26] 刘光富，刘文侠，张士彬. 基于生态效益的制造商再制造竞争决策模型[J]. 工业工程与管理，2016，21(02)：16-21，31.

[27] 朱胜，姚巨坤. 装备再制造设计及其内容体系[J]. 中国表面工程，2011，24(04)：1-6.

[28] 邢忠，姜爱良，谢建军，等. 汽车发动机再制造效益分析及表面工程技术的应用[J]. 中国表面工程，2004(04)：1-5，9.

[29] 刘渤海. 再制造生产计划与生产调度研究现状[C]. // 中国管理现代化研究会、复旦管理学奖励基金会. 第十三届(2018)中国管理学年会论文集. 杭州：中国管理现代化研究会，2018：6.

[30] 李恩重，郑汉东，桑凡，等. 装备维修与再制造保障军民融合模式创新研究[J]. 军民两用技术与产品，2018(03)：26-28.

[31] 郑汉东，陈意，李恩重，等. 政府推动再制造产业发展的演化博弈策略研究[J]. 中国机械工程，2018，29(03)：340-347.

[32] 张伟，史佩京. 中国工程院院士徐滨士解读《高端智能再制造行动计划》大力发展高端智能再制造产业是实现制造强国的重要途径[J]. 工程机械与维修，2018(01)：23.

[33] 张海咪,刘渤海,李恩重,等.碳交易及补贴政策对再制造闭环供应链的影响[J].中国表面工程,2018,31(01):165-174.

[34] 桑凡,郑汉东,李恩重,等.军民融合型装备再制造保障模式探索研究[J].军民两用技术与产品,2017(17):53-56.

[35] 桑凡,郑汉东,李恩重,等.装备再制造成本分析模型构建及应用[J].装甲兵工程学院学报,2017,31(04):111-115.

[36] 桑凡,李恩重,郑汉东,等.基于状态的重载发动机再制造成本组合预测[J].表面工程与再制造,2017,17(Z1):18-22.

[37] 徐滨士,李恩重,郑汉东,等.我国再制造产业及其发展战略[J].中国工程科学,2017,19(03):61-65.

[38] 桑凡,袁钲淇,郑汉东,等.装备再制造全寿命周期费用研究[J].绿色科技,2017(08):242-244,248.

[39] 郑汉东,史佩京,李恩重,等.我国电动机再制造发展现状分析[J].现代制造工程,2017(02):153-157.

[40] 桑凡,郑汉东,李恩重,等.绿色再制造产品经济性研究[J].标准科学,2016(S1):16-21.

[41] 梁秀兵,刘渤海,史佩京,等.智能再制造工程体系[J].科技导报,2016,34(24):74-79.

[42] 罗昊,李恩重,桑凡,等.基于AHP的我国再制造企业节能减排评价研究[J].表面工程与再制造,2016,16(06):15-18.

[43] 徐滨士.绿色再制造技术的创新发展[C]// 中国机械工程学会、中国机械工程学会焊接分会.绿色·智能焊接——IFWT2016 焊接国际论坛论文集.北京:中国机械工程学会,2016:4.

[44] 朱胜,姚巨坤.装备再制造设计及其内容体系[J].中国表面工程,2011,24(04):1-6.

[45] 邢忠,姜爱良,谢建军,等.汽车发动机再制造效益分析及表面工程技术的应用[J].中国表面工程,2004(04):1-5,9.

[46] GENG Y, SARKIS J, ULGIATI S. Sustainability, well-being, and the circular economy in China and worldwide[J]. Science, 2016, 6278(s): 73-76.

[47] XIANG W, MING C. Implementing extended producer responsibility: vehicle remanufacturing in China[J]. Journal of Cleaner Production, 2011, 19(6-7): 680-686.

[48] XU B S, LIU S C, WANG H D. Developing remanufacturing engi-

neering, constructing cycle economy and building saving-oriented society[J]. Journal of Central South University of Technology, 2005, 12(2): 1-6.
[49] ADLER D, LUDEWIG P, KUMAR V, et al. Comparing energy and other measures of environmental performance in the original manufacturing and remanufacturing of engine components[C]. Proceedings of 2007: American Society of Mechanical Engineers, Atlanta: American Society of Mechanical Engineers, 2007: 851-860.
[50] SMITH V M, KEOLEIAN G A. The value of remanufactured engines: life-cycle environmental and economic perspectives[J]. Journal of Industrial Ecology, 2004, 8(1-2): 193-221.
[51] ZANCHI L, DELOGU M, ZAMAGNI A, et al. Analysis of the main elements affecting social LCA applications: challenges for the automotive sector[J]. The International Journal of Life Cycle Assessment, 2018, 23(3): 519-535.
[52] STANDARDIZATION I O F. Environmental Management: Life Cycle Assessment; Principles and Framework ISO 14040:2006[S].
[53] DAL LAGO M, CORTI D, WELLSANDT S. Reinterpreting the LCA Standard Procedure for PSS[J]. Procedia CIRP, 2017(64): 73-78.
[54] YANG S, NGIAM H, ONG S, et al. The impact of automotive product remanufacturing on environmental performance[J]. Procedia CIRP, 2015(29): 774-779.
[55] ARDENTE F, TALENS PEIRÓ L, MATHIEUX F, et al. Accounting for the environmental benefits of remanufactured products[J]. Journal of Cleaner Production, 2018(198): 1545-1558.
[56] PENG S, LI T, LI M, et al. An integrated decision model of restoring technologies selection for engine remanufacturing practice[J]. Journal of Cleaner Production, 2019(206): 598-610.
[57] LIU Z, JIANG Q, LI T, et al. Environmental benefits of remanufacturing: A case study of cylinder heads remanufactured through laser cladding[J]. Journal of Cleaner Production, 2016(133): 1027-1033.
[58] XIAO L, LIU W, GUO Q, et al. Comparative life cycle assessment

of manufactured and remanufactured loading machines in China[J]. Resources, Conservation and Recycling, 2018(131): 225-234.

[59] LIU Z, LI T, JIANG Q, et al. Life cycle assessment-based comparative evaluation of originally manufactured and remanufactured diesel engines[J]. Journal of Industrial Ecology, 2014, 18(4): 567-576.

[60] LIAO H L, DENG Q W, WANG Y R, et al. An environmental benefits and costs assessment model for remanufacturing process under quality uncertainty[J]. Journal of Cleaner Production, 2018(178): 45-58.

[61] JφRGENSEN A, LE BOCQ A, NAZARKINA L, et al. Methodologies for social life cycle assessment[J]. The International Journal of Life Cycle Assessment, 2008, 13(2): 96.

[62] WU R, YANG D, CHEN J. Social life cycle assessment revisited [J]. Sustainability, 2014, 6(7): 4200-4226.

[63] BENOÎT C, NORRIS G A, VALDIVIA S, et al. The guidelines for social life cycle assessment of products: just in time! [J]. The International Journal of Life Cycle Assessment, 2010, 15(2): 156-163.

[64] SIEBERT A, BEZAMA A, O'KEEFFE S, et al. Social life cycle assessment: in pursuit of a framework for assessing wood-based products from bioeconomy regions in Germany[J]. The International Journal of Life Cycle Assessment, 2018, 23(3): 651-662.

[65] LEHMANN A, ZSCHIESCHANG E, TRAVERSO M, et al. Social aspects for sustainability assessment of technologies—challenges for social life cycle assessment (SLCA)[J]. The International Journal of Life Cycle Assessment, 2013, 18(8): 1581-1592.

[66] YıLDıZ-GEYHAN E, YıLAN G, ALTUN-ÇIFTÇIOĜLU G A, et al. Environmental and social life cycle sustainability assessment of different packaging waste collection systems[J]. Resources, Conservation and Recycling, 2019(143): 119-132.

[67] PRASARA-A J, GHEEWALA S H. Applying social life cycle assessment in the Thai sugar industry: Challenges from the field[J]. Journal of Cleaner Production, 2018(172): 335-346.

[68] Sundin E，Bras B. Making functional sales environmentally and economically beneficial through product remanufacturing. Journal of Cleaner Production，2005，13(9)：913－925

[69] 周文泳，胡雯，尤建新，刘光富.产品服务系统下的机电产品再制造模式——基于BT公司的案例分析[J].管理案例研究与评论，2012，5(02)：105－113.

名词索引